# 분수의 발견

## 덧셈과 뺄셈

최수일
개념연결 수학교육연구소
지음

비아에듀
ViaEducation

분수의 발견 덧셈과 뺄셈

지은이 | 최수일, 개념연결 수학교육연구소

초판 1쇄 발행일 2022년 5월 16일
초판 2쇄 발행일 2024년 2월 23일

발행인 | 한상준
편집 | 김민정·강탁준·손지원·최정휴·김영범
삽화 | 홍카툰
디자인 | 조경규·김경희·이우현
마케팅 | 이상민·주영상
관리 | 양은진

발행처 | 비아에듀(ViaEdu Publisher)
출판등록 | 제313-2007-218호(2007년 11월 2일)
주소 | 서울시 마포구 월드컵북로 6길 97(연남동 567-40) 2층
전화 | 02-334-6123 전자우편 | crm@viabook.kr
홈페이지 | viabook.kr


ISBN 979-11-91019-71-1 64410
ISBN 979-11-91019-61-2 (세트)

# 머리말

### 분수의 덧셈과 뺄셈은 분모만 통일하면 되는 것 아닌가요?

맞습니다! 분수의 덧셈과 뺄셈은 분모가 같은 상태로 만들어 분자끼리 더하거나 뺀다는 공식이 있습니다. 하지만 왜 분모는 더하지 않고 그대로 둘까요? 이 질문에 답하지 못한다면 분수의 덧셈과 뺄셈을 제대로 안다고 볼 수 없답니다. 분수는 또 무엇인가요? $\frac{2}{3}$의 뜻을 분수의 개념과 연결하여 정확히 설명하지 못한다면, 그것은 반쪽짜리 공부입니다.

### 개념을 연결한다고요?

모든 수학 개념은 연결되어 있답니다. 그래서 분수의 덧셈과 뺄셈이 이전의 어떤 개념과 연결되는지를 알면 분수의 덧셈과 뺄셈의 거의 모든 것을 아는 것과 다름없습니다. 분수가 무엇인지 정확히 알면 거기에 분수의 덧셈과 뺄셈을 연결할 수 있습니다. 분모가 같은 분수의 덧셈과 뺄셈을 연결하면 분모가 다른 분수의 덧셈과 뺄셈은 저절로 해결됩니다. 그래서 이 책은 3학년의 분수 개념과 4학년의 분모가 같은 분수의 덧셈과 뺄셈, 5학년의 분모가 다른 분수의 덧셈과 뺄셈을 통합적으로 볼 수 있는 안목을 길러 줄 것입니다. 개념이 연결되면 학년 구분 없이 고학년 수학까지 도전해 볼 수 있습니다.

### 설명해 보세요

수학을 이해했다는 증거는 간단히 찾을 수 있습니다. 다른 사람에게 설명해 보면 알 수 있지요. 술술~ 설명할 수 있으면 이해한 것입니다. 그래서 매 주제마다 설명하기 코너를 마련했습니다. 해당 주제에서 배운 대표적인 내용을 한 문제에 담았습니다. 연산 문제를 모두 해결했더라도 '설명해 보세요'에서 요구하는 설명을 하지 못하면 아직 이해한 것이 아닙니다. 다양한 방법으로 설명해 보도록 구성했으니 한 가지 답만 내면 그만이라는 생각을 버리고 꼭 설명을 해 보기 바랍니다.

2022년 5월

최수일

# 분수의 발견 덧셈과 뺄셈

## 구 성 과 특 징

### 개념의 뜻 이해하기

**개념의 뜻은 정의라고 합니다.**
**'30초 개념'을 통해 개념의 뜻을 정확하게 이해해야 합니다.**
**그리고 이전에 학습한 내용을 기억하며**
**개념을 연결하는 습관을 길러 봅시다.**

**기억해 볼까요?**

이전에 학습한 내용을
다시 확인해 볼 수 있어요.
지금 배울 단계와
어떻게 연결되는지 생각하면서
문제를 해결해 보세요.

**개념연결**

현재 학습하는 개념이
앞뒤로 어떻게
연결되는지 알 수 있어요.
자기주도적으로
복습 혹은 예습을
할 수 있게 도와줘요.

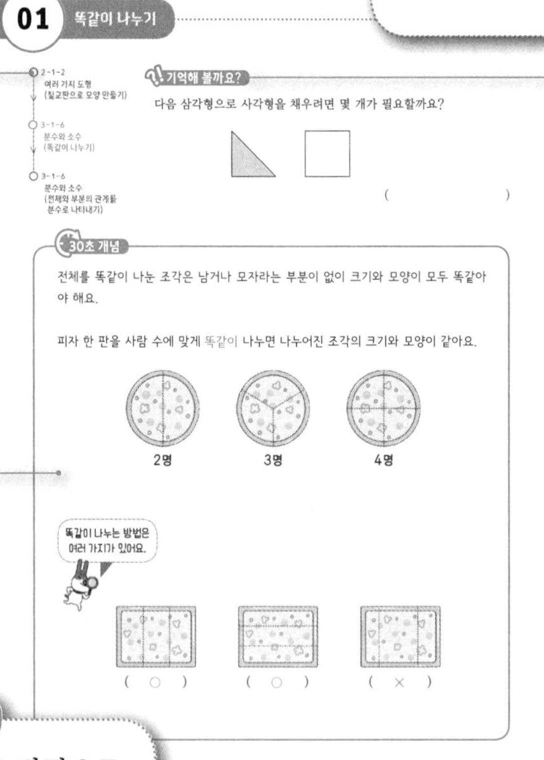


**30초 개념**

교과서에 나와 있는 개념을 바탕으로
핵심 개념만 추려 정리했어요.
짧은 시간에 개념을 이해하는 데
도움이 돼요.

## 개념 익히기

**30초 개념에서 이해한 개념은 꾸준한 연습을 통해 내 것으로 익히는 것이 중요합니다.**
**필수 연습문제로 기본 개념을 튼튼하게 만들 수 있어요.**

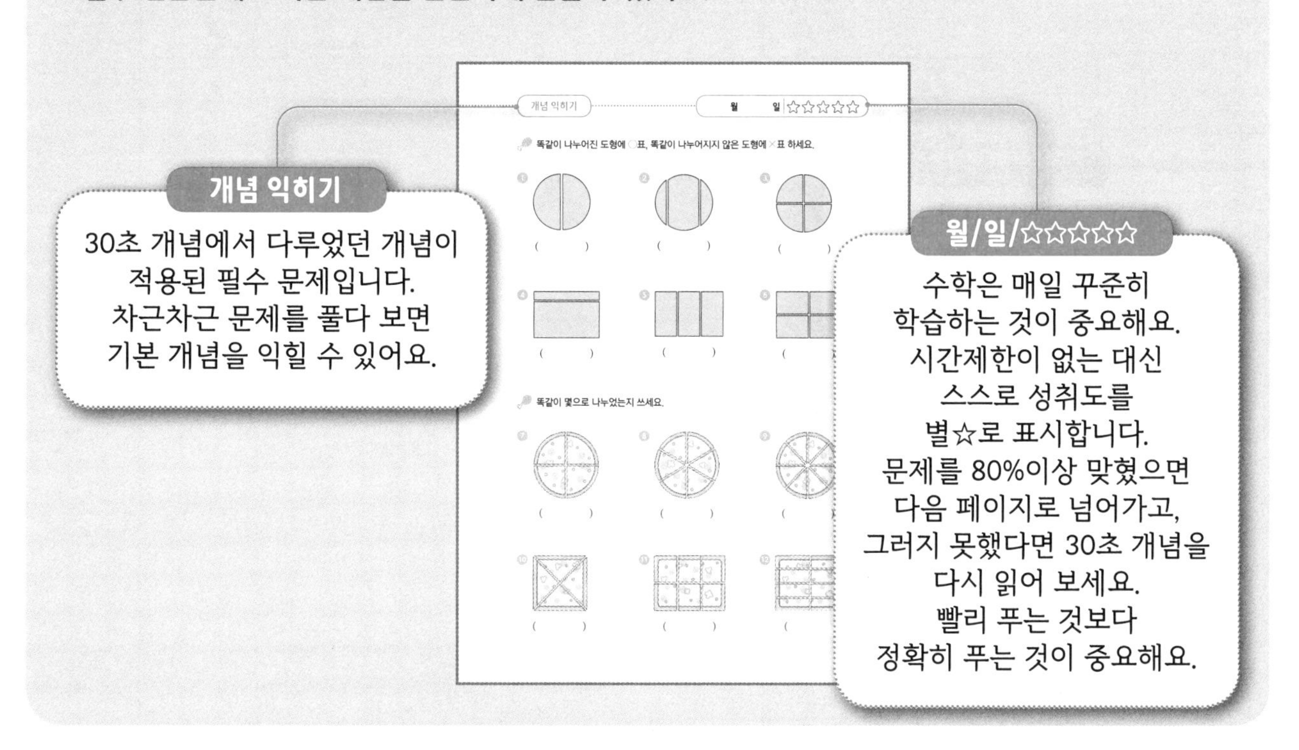


## 개념 다지기

**필수 연습문제를 해결하며 내 것으로 만든 개념은 반복 훈련을 통해 다지고,**
**다른 사람에게 설명하는 경험을 통해 완전히 체화할 수 있어요.**

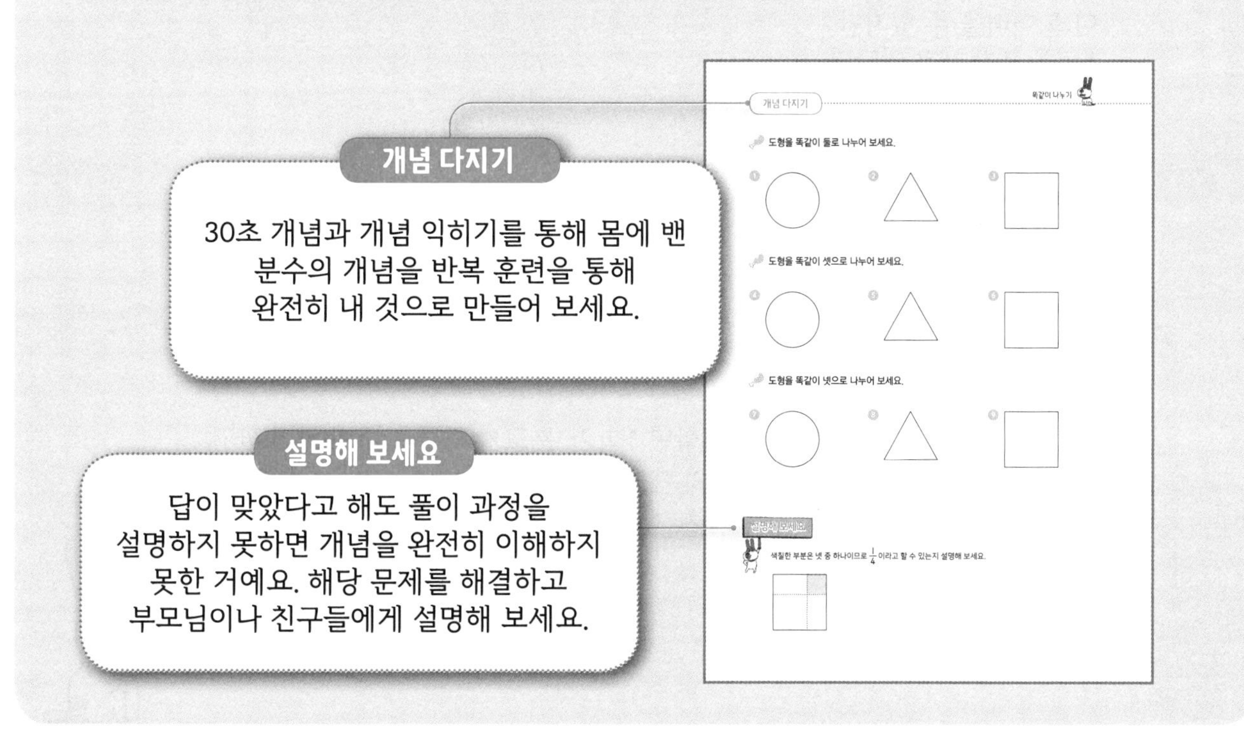

개념 키우기

**다양한 형태의 문제를 풀어 보는 연습이 중요해요.**

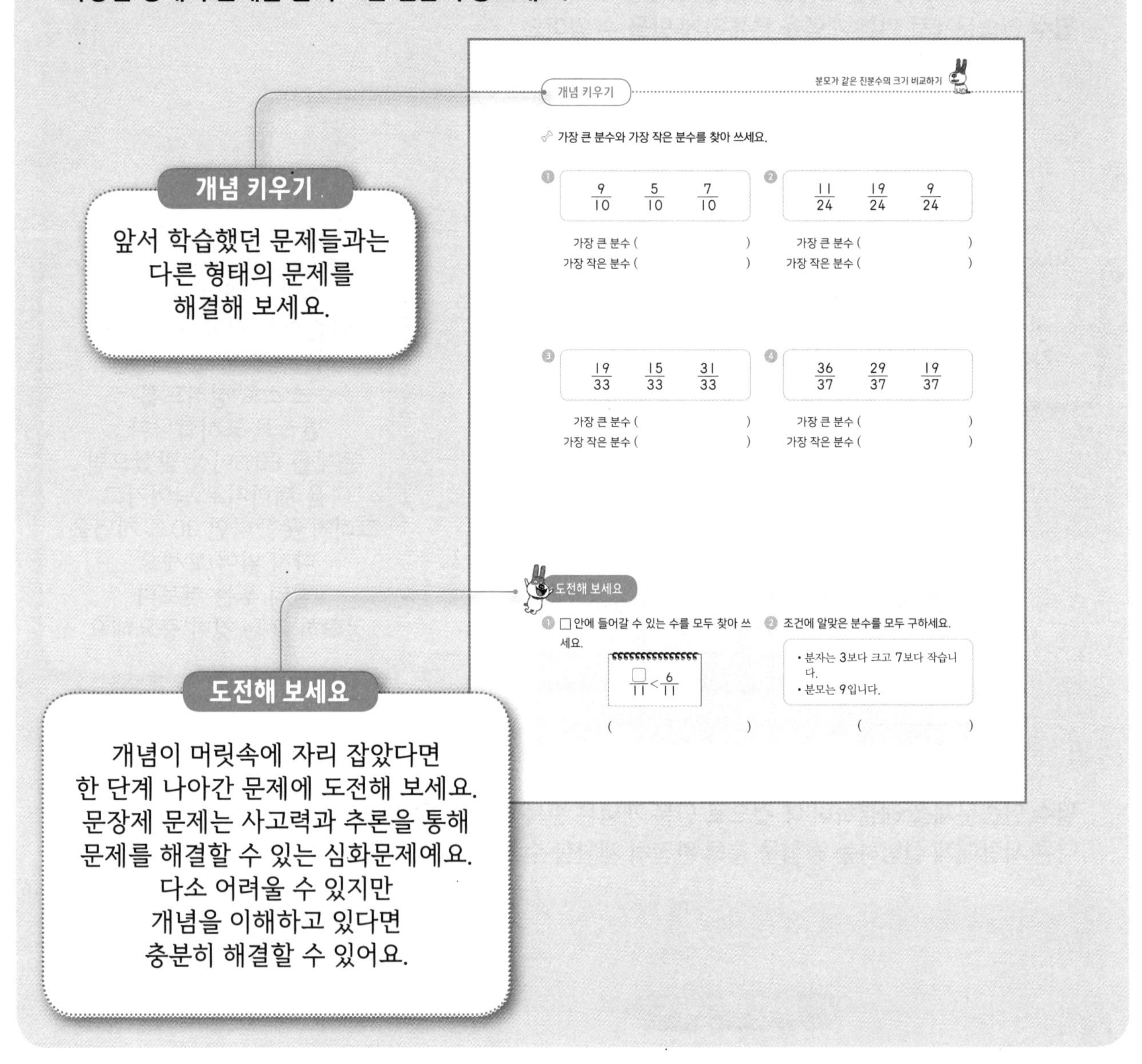


'분수의 발견_덧셈과 뺄셈'에서는
초등 3학년 1학기 '분수 개념'부터 5학년 1학기 '분모가 다른 분수의 연산'까지
분수의 덧셈과 뺄셈에 관한 모든 것의 개념을 연결했습니다.
30차시로 구성되어 있는 '분수의 발견_덧셈과 뺄셈'으로
초등 분수의 기초를 다져 보세요.

# 초등학교에서 배우는 분수

## 3학년

### 분수와 소수
- 똑같이 나누기
- 분수 알기와 분수만큼 나타내기
- 분모가 같은 분수의 크기 비교
- 단위분수의 크기 비교

### 분수
- 분수로 나타내기
- 분수만큼은 얼마인지 구하기
- 진분수, 가분수, 대분수 알기
- 대분수를 가분수로 가분수를 대분수로 나타내기
- 분모가 같은 분수의 크기 비교

## 4학년

### 분수의 덧셈과 뺄셈
- 분모가 같은 진분수의 덧셈
- 분모가 같은 진분수의 뺄셈
- 1−(진분수)
- 분모가 같은 대분수의 덧셈
- 분모가 같은 대분수와 가분수의 덧셈
- 분모가 같은 대분수의 뺄셈
- 분모가 같은 대분수와 가분수의 뺄셈
- (자연수)−(대분수)
- 받아내림이 있는 분모가 같은 대분수의 뺄셈

## 5학년

### 약분과 통분
- 크기가 같은 분수
- 약분과 기약분수
- 통분과 공통분모
- 분모가 다른 분수의 크기 비교

### 분수의 덧셈과 뺄셈
- 분모가 다른 진분수의 덧셈
- 분모가 다른 대분수의 덧셈
- 분모가 다른 진분수의 뺄셈
- 분모가 다른 대분수의 뺄셈
- 받아내림이 있는 분모가 다른 대분수의 뺄셈

### 분수의 곱셈
- (분수)×(자연수), (자연수)×(분수)
- 진분수의 곱셈
- 여러 가지 분수의 곱셈

## 6학년

### 분수의 나눗셈
- (자연수)÷(자연수)의 몫을 분수로 나타내기
- (진분수)÷(자연수)
- (대분수)÷(자연수)

### 분수의 나눗셈
- 분모가 같은 분수의 나눗셈
- 분모가 다른 분수의 나눗셈
- (자연수)÷(분수)
- (분수)÷(분수)를 (분수)×(분수)로 나타내기
- (분수)÷(분수)를 계산하기

영 역 별 연 산

# 분수의 발견 덧셈과 뺄셈

차 례

## 1장 분수 알기



## 2장 분모가 같은 분수의 덧셈과 뺄셈

# 3장 분모가 다른 분수의 덧셈과 뺄셈



권장 진도표

| | 초등 3학년 (30일 완성) | 초등 4학년 (25일 완성) | 초등 5학년 (18일 완성) |
|---|---|---|---|
| 1장 분수 알기 | 하루 한 단계씩 10일 완성 | 하루 두 단계씩 5일 완성 | 하루 세 단계씩 6일 완성 |
| 2장 분모가 같은 분수의 덧셈과 뺄셈 | 하루 한 단계씩 8일 완성 | 하루 한 단계씩 8일 완성 | |
| 3장 분모가 다른 분수의 덧셈과 뺄셈 | 하루 한 단계씩 12일 완성 | 하루 한 단계씩 12일 완성 | 하루 한 단계씩 12일 완성 |

# 1장 분수 알기

## 무엇을 배우나요?

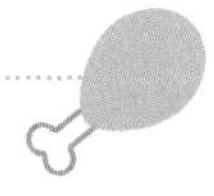

- 전체를 똑같이 나누고, 전체에 대한 부분의 크기로서 분수의 개념을 이해해요.
- 그림을 보고 분수로 나타내거나 분수를 그림으로 나타내며
  분모가 같은 분수끼리, 단위분수끼리 크기를 비교할 수 있어요.
- 전체에 대한 분수만큼이 얼마인지 알 수 있어요.
- 진분수, 가분수, 대분수 등 분수의 종류를 알 수 있어요.
- 대분수를 가분수로, 가분수를 대분수로 나타내며
  분모가 같은 여러 가지 분수의 크기를 비교할 수 있어요.

**2-1-6**
**여러 가지 도형**
칠교판으로
모양을 만들어 보기

→

**3-1-6**
**분수와 소수**
똑같이 나누기
분수 알기
분모가 같은 분수의
크기 비교
단위분수의 크기 비교

**3-2-4**
**분수**
분수로 나타내기
분수만큼은 얼마인지 알기
여러 가지 분수 알기
분모가 같은 분수의
크기 비교하기

→

**4-2-1**
**분수**
분모가 같은 분수의 덧셈
분모가 같은 분수의 뺄셈
1-(진분수)
(자연수)-(대분수)

| 1장 분수 알기 | 초등 3학년 (30일 진도) | 초등 4학년 (25일 진도) | 초등 5학년 (18일 진도) |
| --- | --- | --- | --- |
| | 하루 한 단계씩 공부 | 하루 두 단계씩 공부 | 하루 세 단계씩 공부 |

권장 진도표에 맞춰 공부하고, 공부한 단계에 해당하는 조각에 색칠하세요.

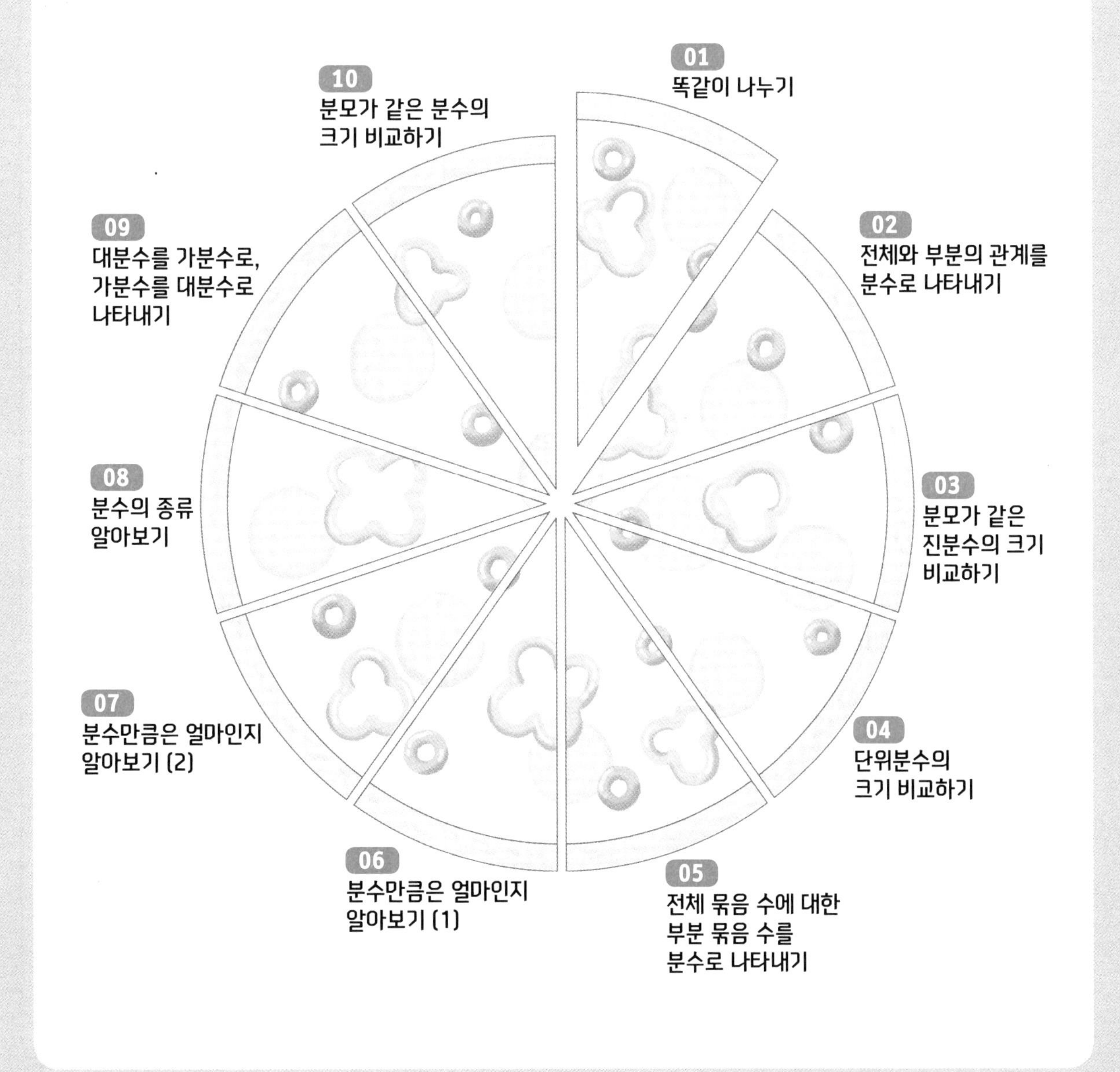

# 01 똑같이 나누기

2-1-2
여러 가지 도형
(칠교판으로 모양 만들기)

3-1-6
분수와 소수
(똑같이 나누기)

3-1-6
분수와 소수
(전체와 부분의 관계를
분수로 나타내기)

## ?! 기억해 볼까요?

다음 삼각형으로 사각형을 채우려면 몇 개가 필요할까요?

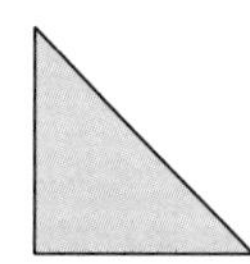

( )

## 30초 개념

전체를 똑같이 나눈 조각은 남거나 모자라는 부분이 없이 크기와 모양이 모두 똑같아야 해요.

피자 한 판을 사람 수에 맞게 똑같이 나누면 나누어진 조각의 크기와 모양이 같아요.

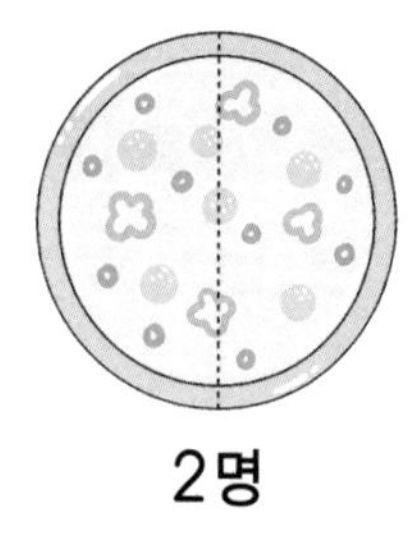
2명

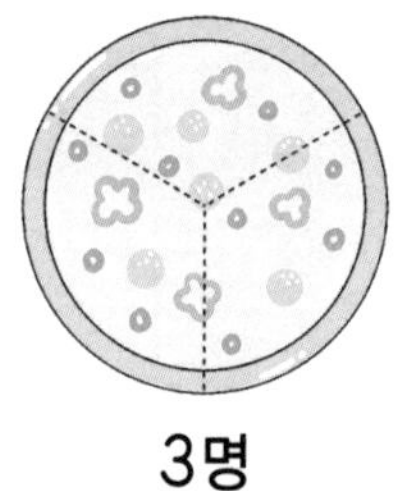
3명

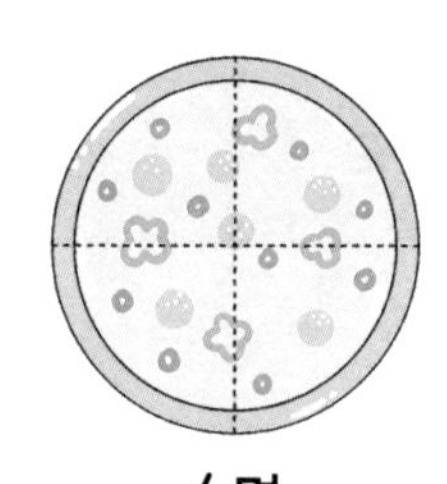
4명

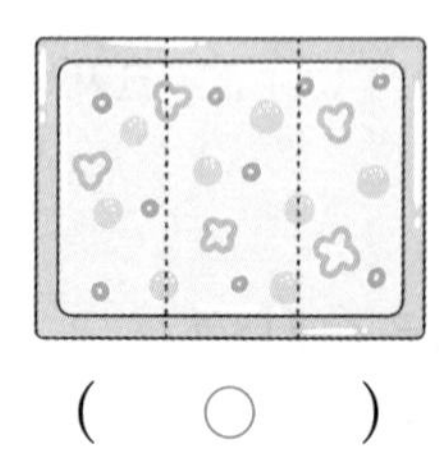
( ○ )

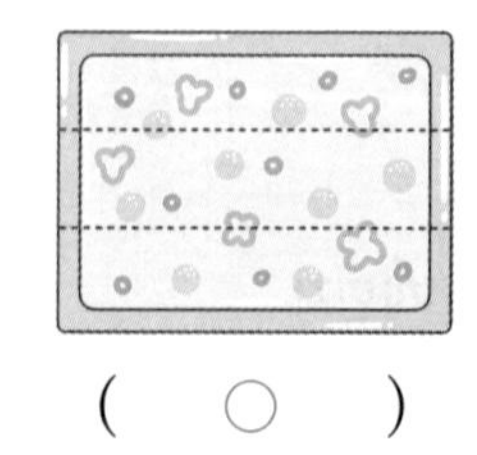
( ○ )

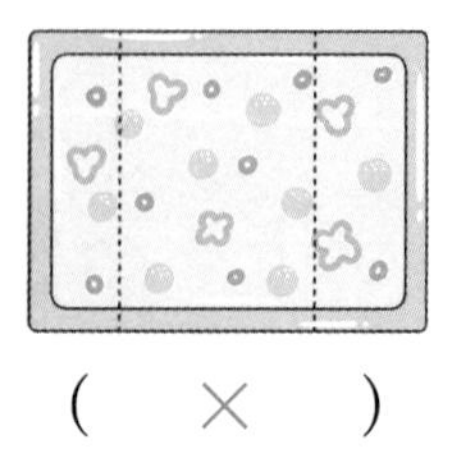
( × )

똑같이 나누어진 도형에 ○표, 똑같이 나누어지지 않은 도형에 ×표 하세요.

1 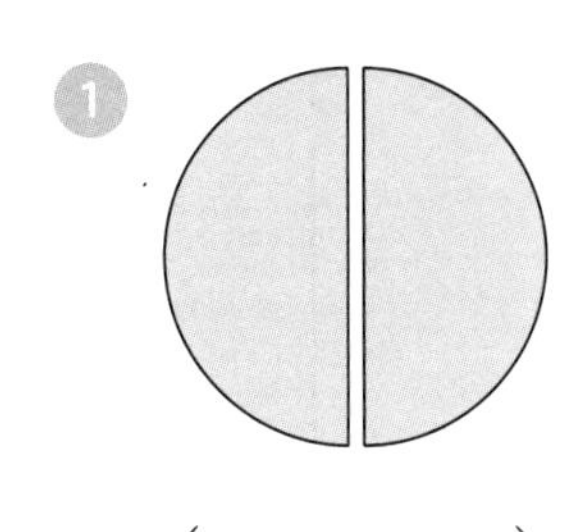

(        )

2 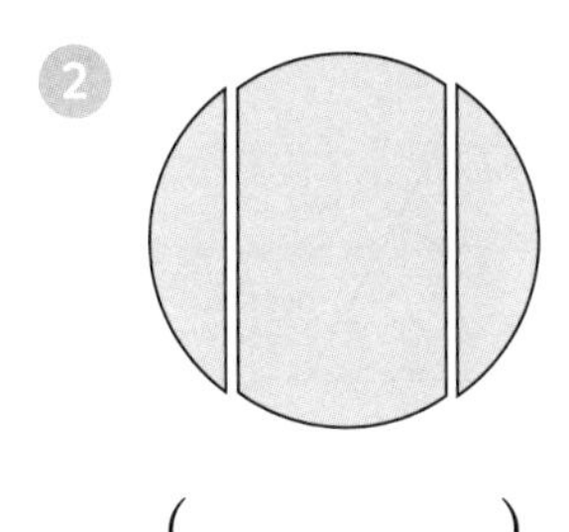

(        )

3 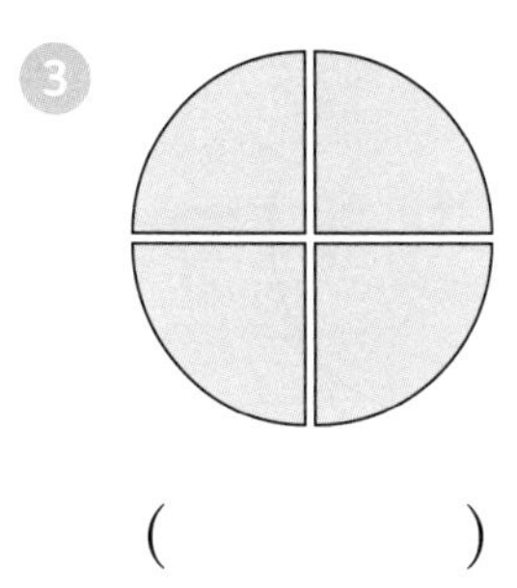

(        )

4 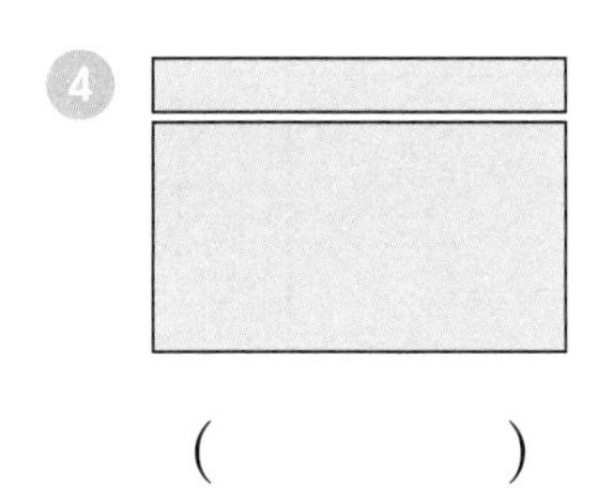

(        )

5 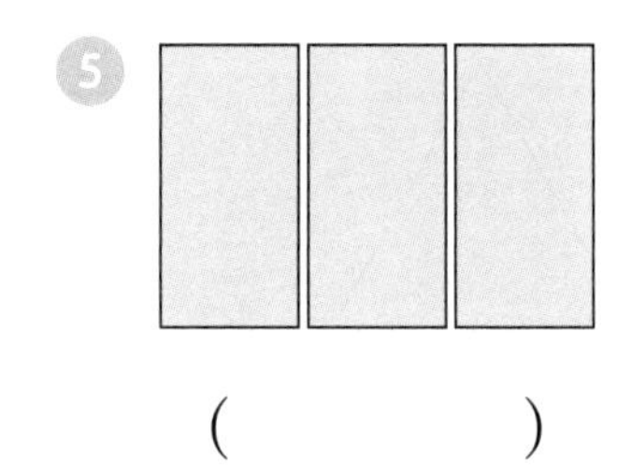

(        )

6 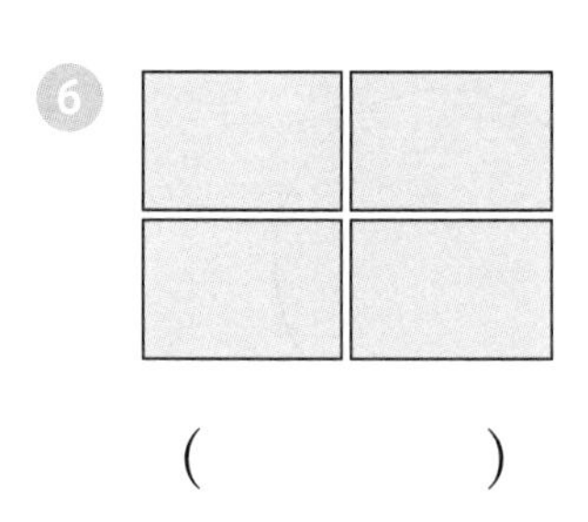

(        )

똑같이 몇으로 나누었는지 쓰세요.

7 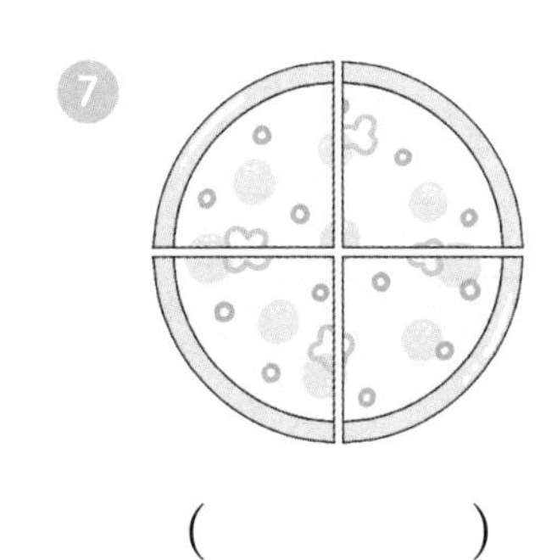

(        )

8 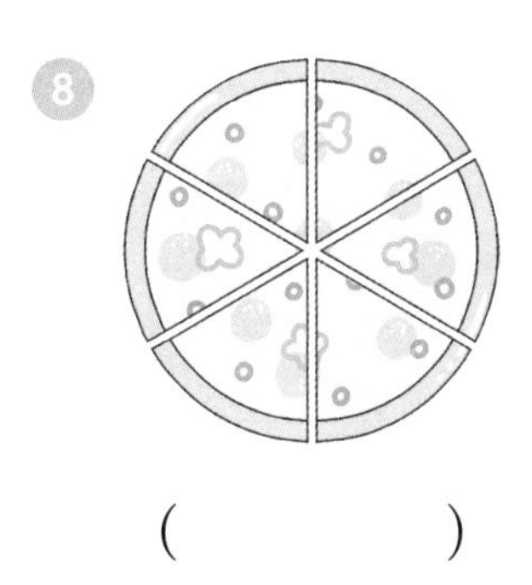

(        )

9 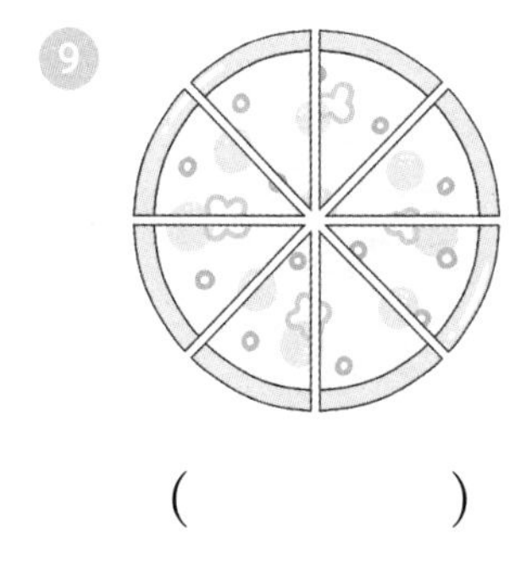

(        )

10 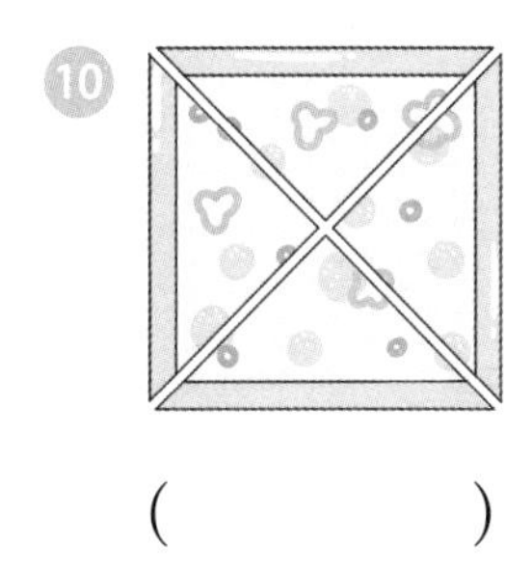

(        )

11 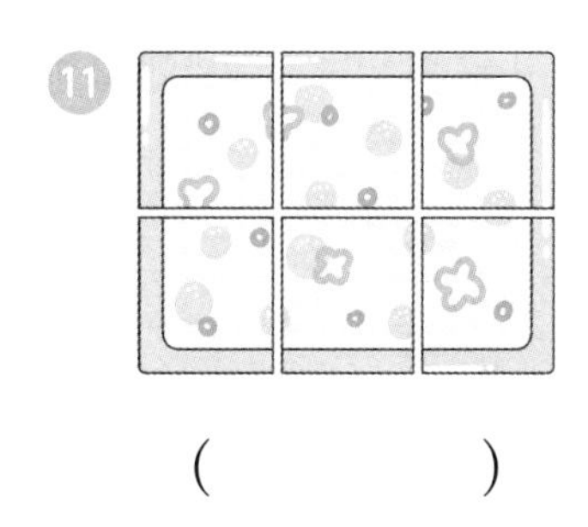

(        )

12 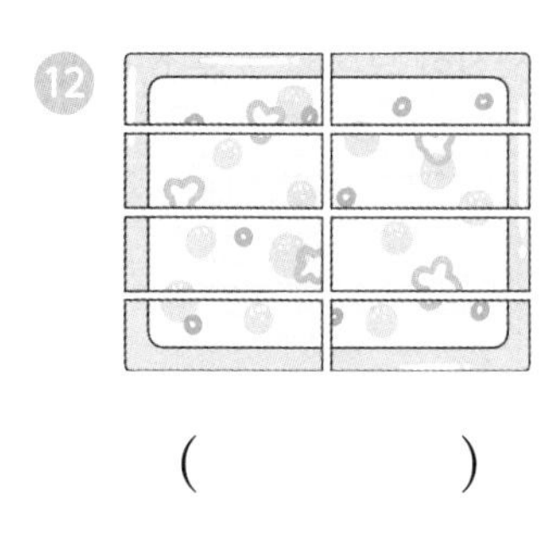

(        )

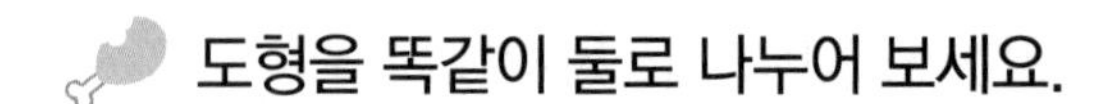

도형을 똑같이 둘로 나누어 보세요.

❶ 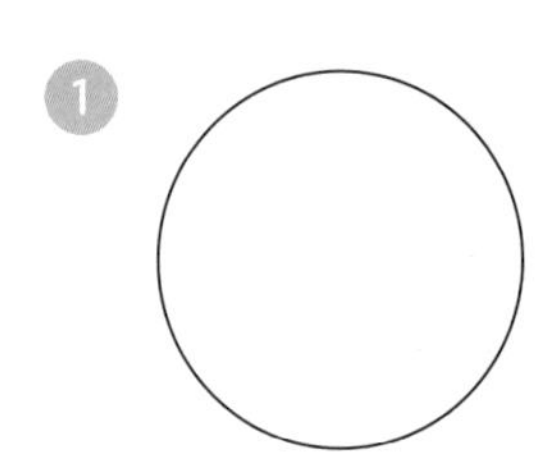
❷ 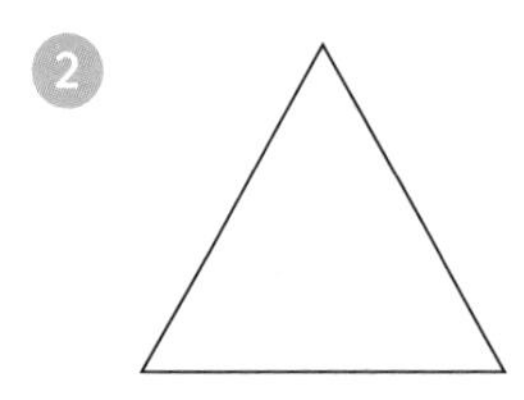
❸ 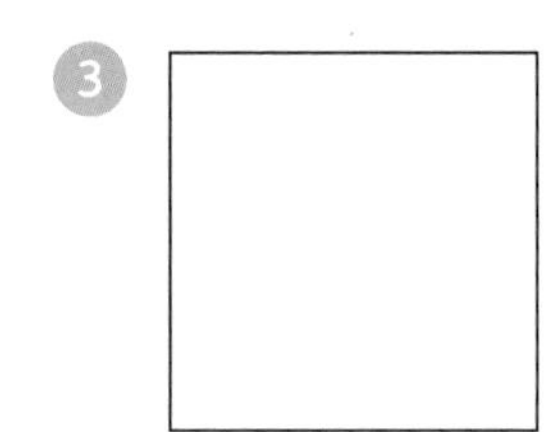

도형을 똑같이 셋으로 나누어 보세요.

❹ 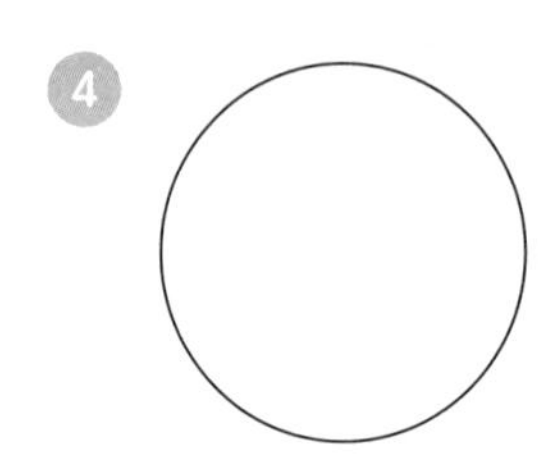
❺ 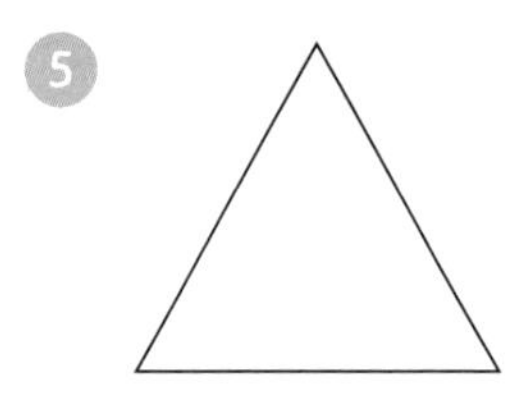
❻ 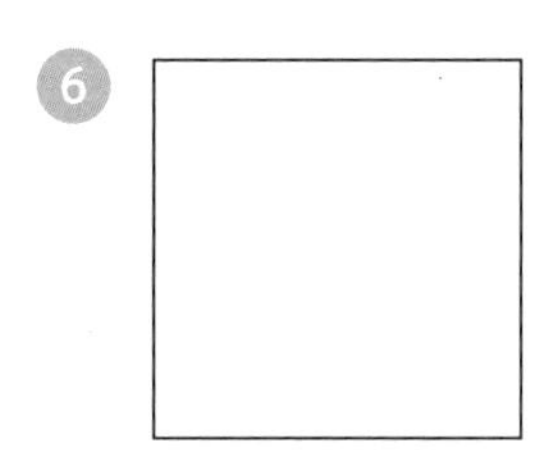

도형을 똑같이 넷으로 나누어 보세요.

❼ 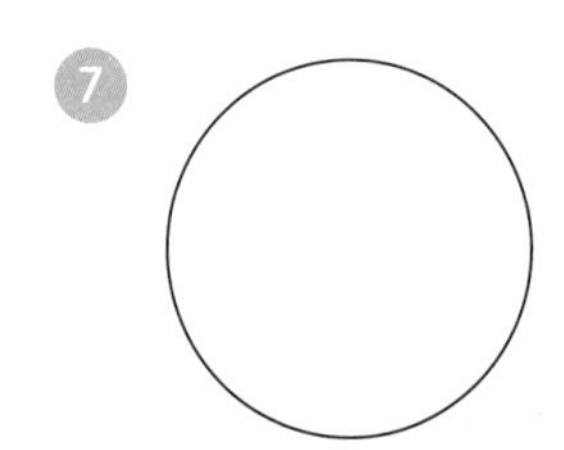
❽ 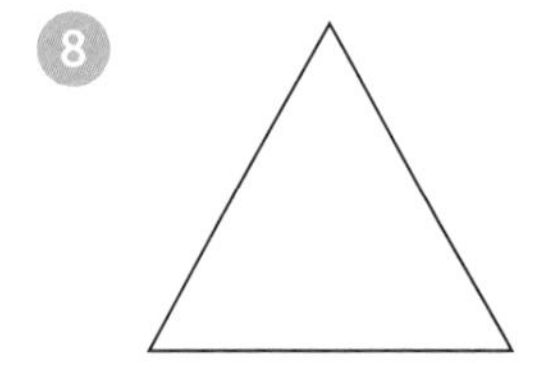
❾ 

## 설명해 보세요

색칠한 부분은 넷 중 하나이므로 $\frac{1}{4}$이라고 할 수 있는지 설명해 보세요.

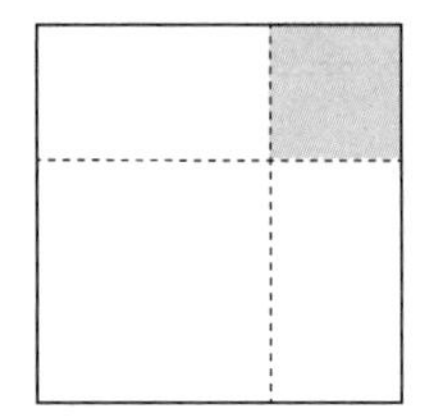

색종이를 여러 가지 방법으로 똑같이 둘로 나누어 보세요.

1 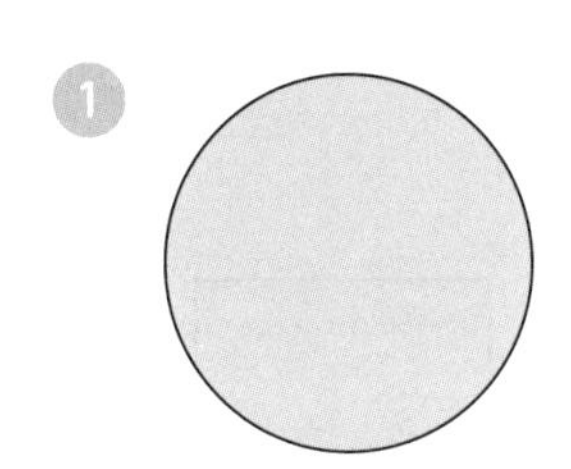 2 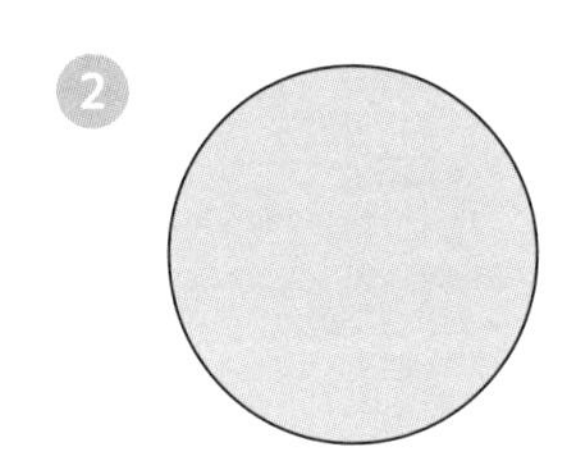 3 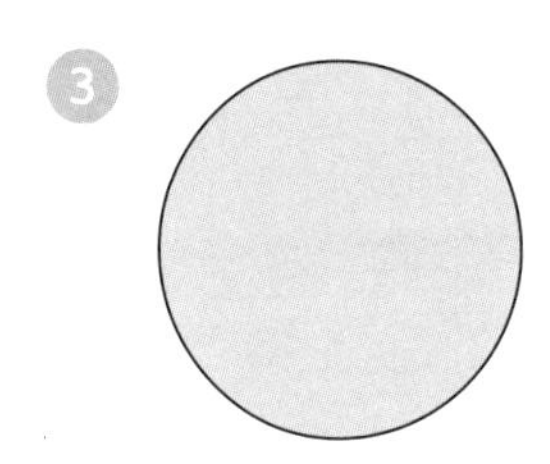

색종이를 여러 가지 방법으로 똑같이 넷으로 나누어 보세요.

4  5  6 

## 도전해 보세요

모양 조각을 사용하여 주어진 모양을 만들어 보세요.

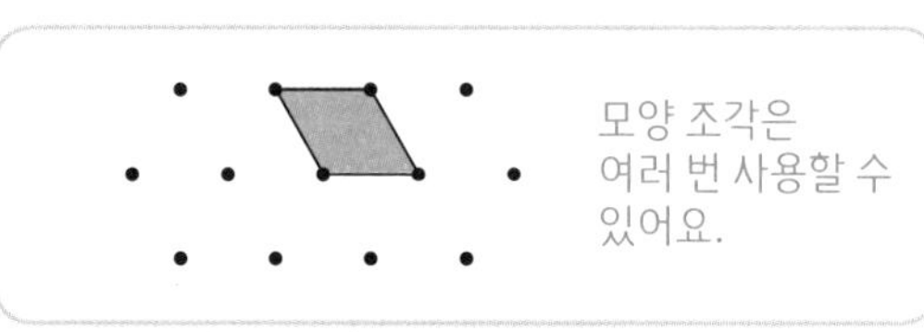

모양 조각은 여러 번 사용할 수 있어요.

1 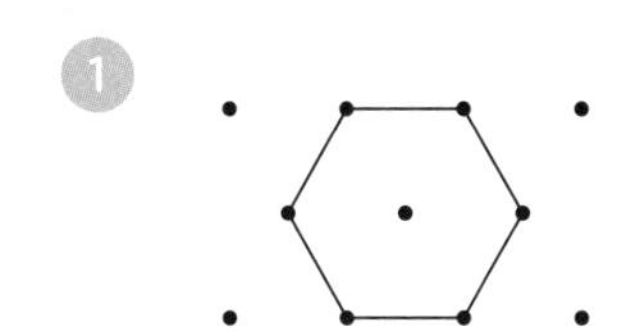

2 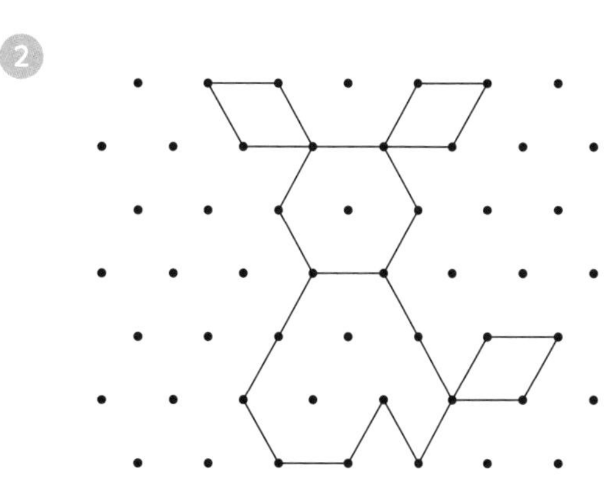

# 02 전체와 부분의 관계를 분수로 나타내기

3-1-6
분수와 소수
(똑같이 나누기)

3-1-6
분수와 소수
(전체와 부분의 관계를 분수로 나타내기)

3-1-6
분수와 소수
(분모가 같은 진분수의 크기 비교)

## ?! 기억해 볼까요?

똑같이 나누어진 도형에 ○표, 똑같이 나누어지지 않은 도형에 ×표 하세요.

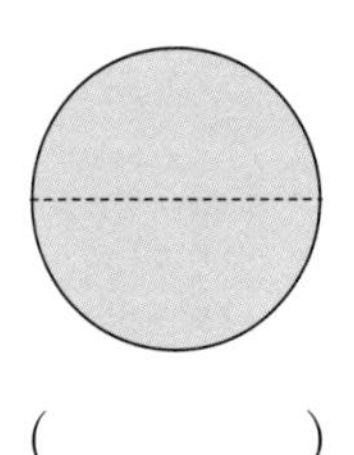
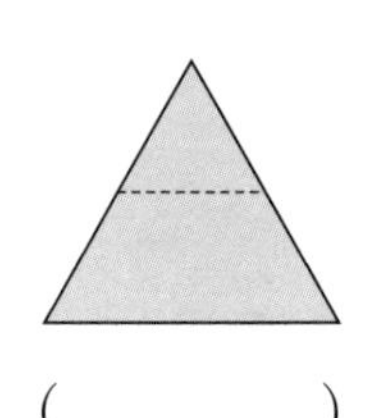

( ) ( ) ( )

## 30초 개념

전체에 대한 부분의 크기를 분수로 나타내고 읽을 수 있어요.

피자 한 판을 똑같이 4조각(전체)으로 나눈 것 중 1조각(부분)을 분수로 나타내면 다음과 같습니다.

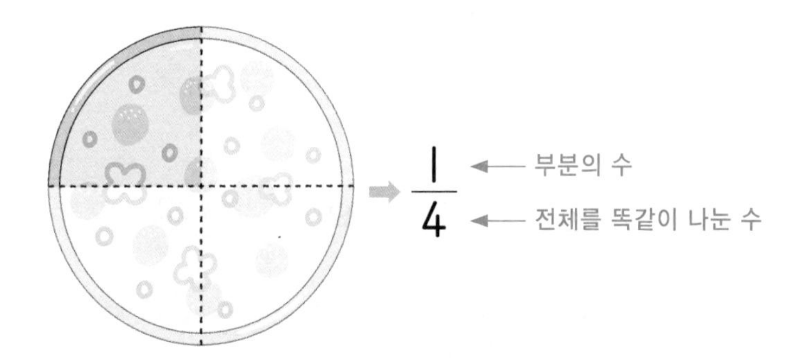


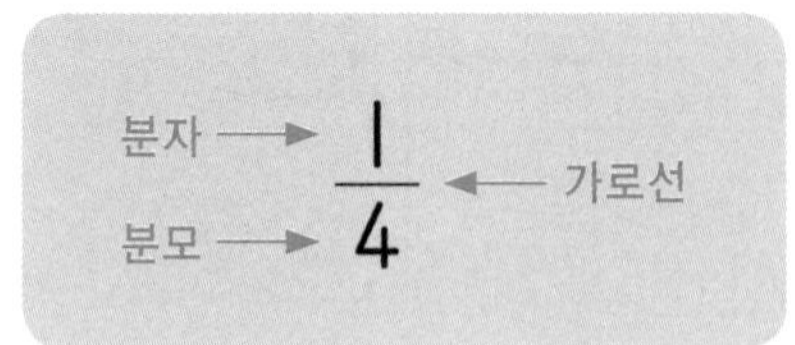


전체를 똑같이 4로 나눈 것 중의 1을 $\frac{1}{4}$이라 쓰고 4분의 1이라고 읽습니다.

가로선 아래의 수를 분모, 가로선 위의 수를 분자라고 합니다.

분모를 먼저 분자를 나중에 읽어요.

색칠한 부분을 분수로 나타내려고 합니다. □ 안에 알맞은 수를 써넣으세요.

1

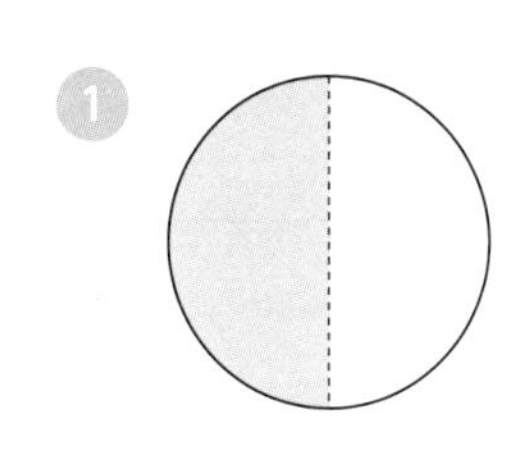

전체를 똑같이 □로

나눈 것 중의 □

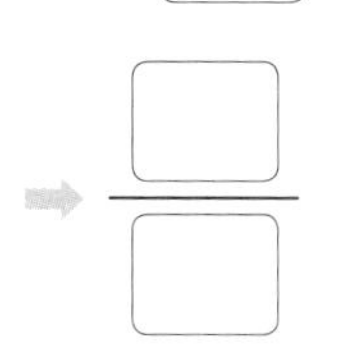

2

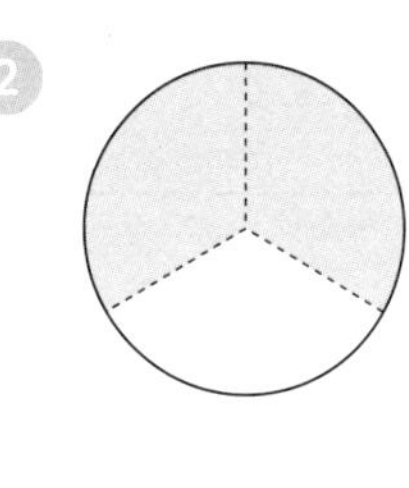

전체를 똑같이 □으로

나눈 것 중의 □

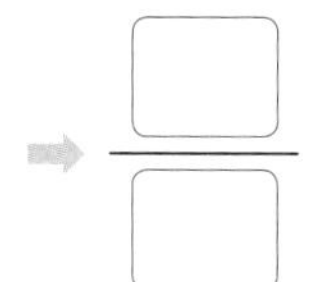

3

전체를 똑같이 □으로

나눈 것 중의 □

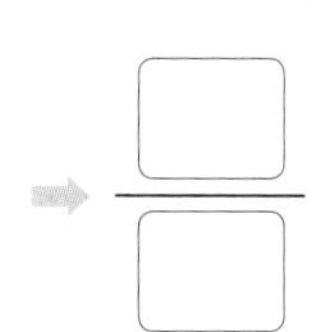

4

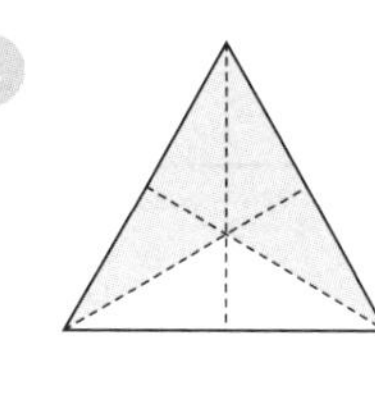

전체를 똑같이 □으로

나눈 것 중의 □

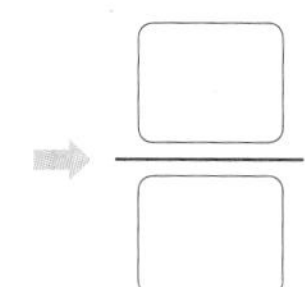

5

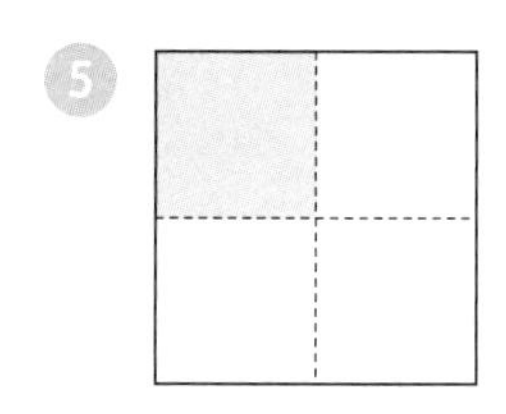

전체를 똑같이 □로

나눈 것 중의 □

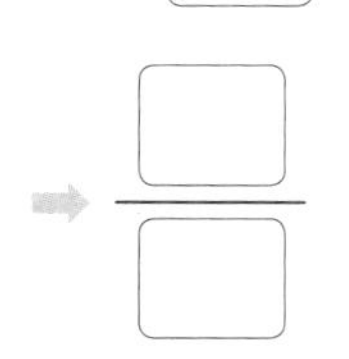

6

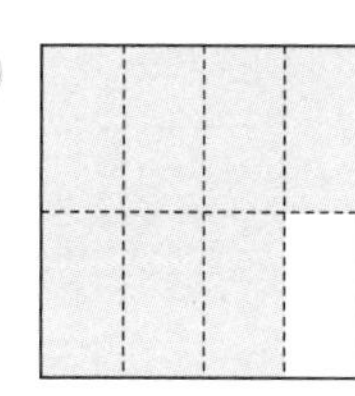

전체를 똑같이 □로

나눈 것 중의 □

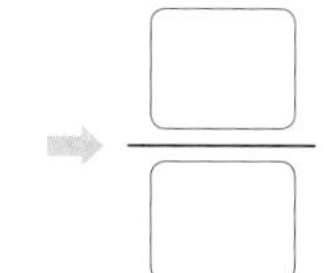

설명한 부분만큼 색칠하고 분수로 나타내세요.

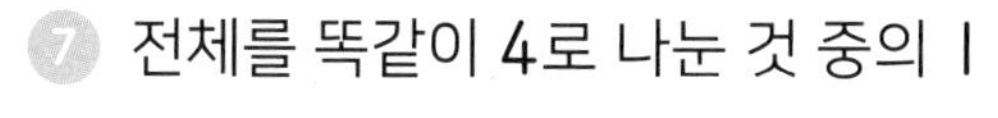

7 전체를 똑같이 4로 나눈 것 중의 1

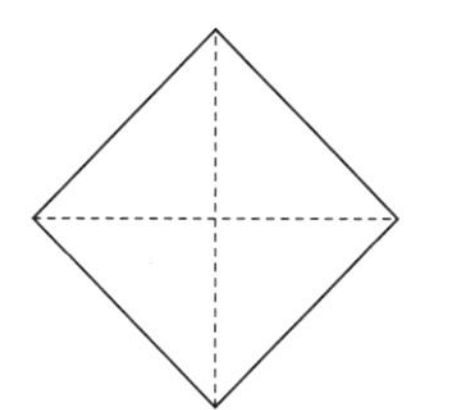

8 전체를 똑같이 5로 나눈 것 중의 3

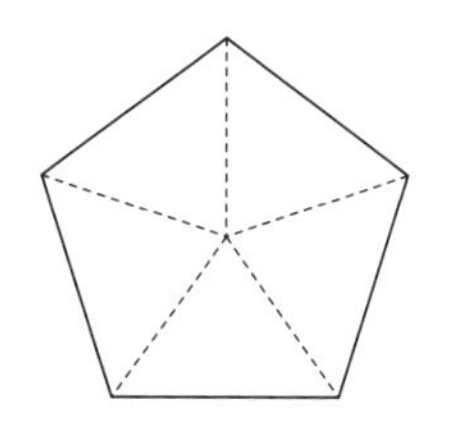

 색칠한 부분을 분수로 나타내고 읽어 보세요.

1 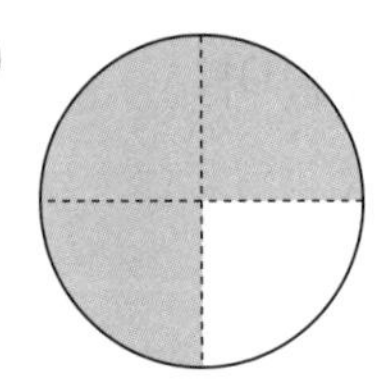

쓰기 ____________

읽기 ____________

2 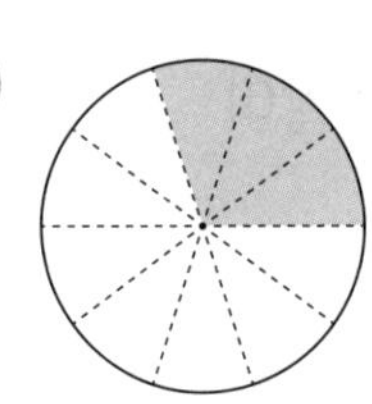

쓰기 ____________

읽기 ____________

3 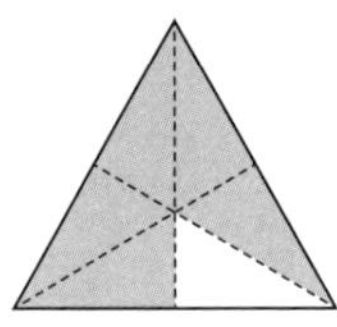

쓰기 ____________

읽기 ____________

4 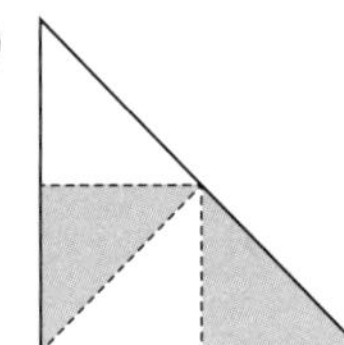

쓰기 ____________

읽기 ____________

5 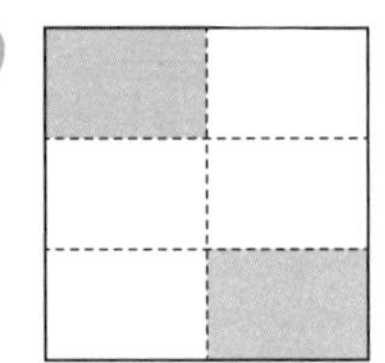

쓰기 ____________

읽기 ____________

6 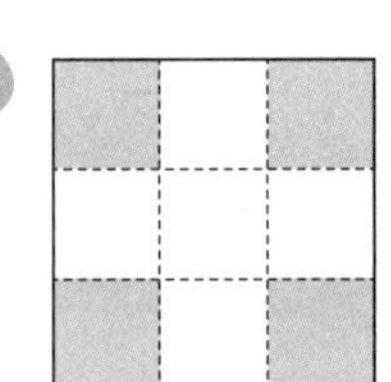

쓰기 ____________

읽기 ____________

7 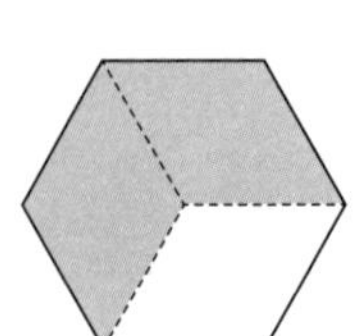

쓰기 ____________

읽기 ____________

8 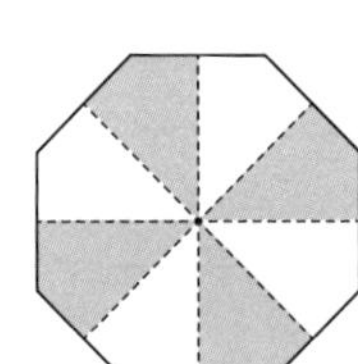

쓰기 ____________

읽기 ____________

**설명해 보세요**

색칠한 부분은 8개 중 4개이므로 $\frac{4}{8}$라고 할 수 있는지 설명해 보세요.

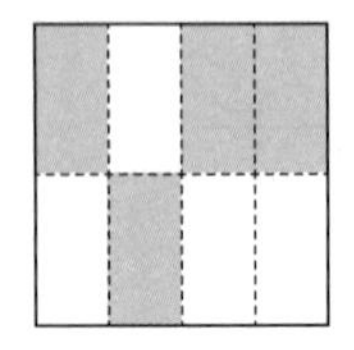

주어진 분수만큼 색칠하세요.

1. $\frac{1}{4}$ ➡

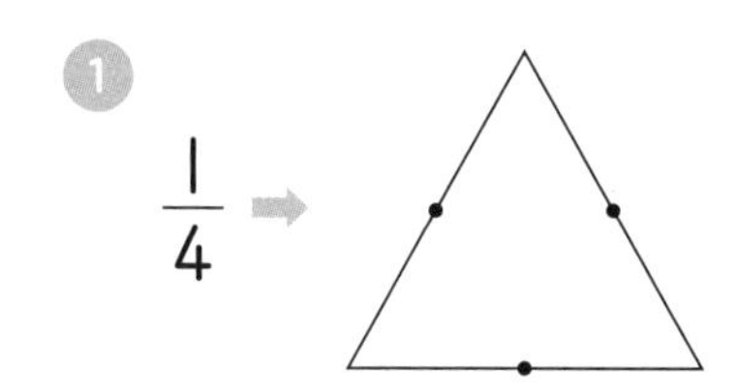

2. $\frac{2}{3}$ ➡

3. $\frac{4}{5}$ ➡

4. $\frac{4}{6}$ ➡

도전해 보세요

칠교판 전체에서 색칠한 부분을 분수로 나타내세요.

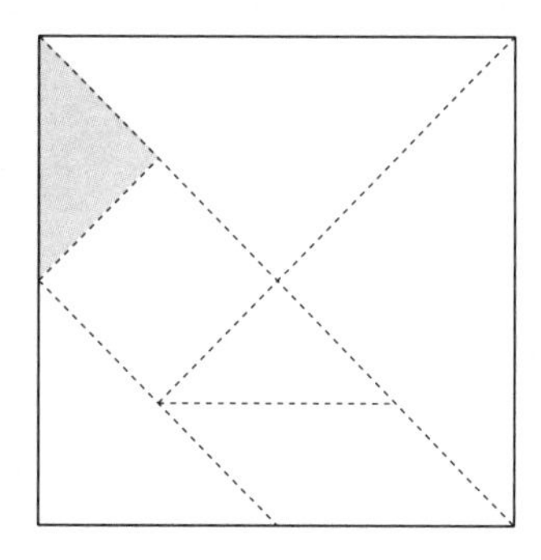

(　　　　　　　　)

# 03 분모가 같은 진분수의 크기 비교하기

3-1-6
분수와 소수
(전체와 부분의 관계를 분수로 나타내기)

4-2-1
분수와 소수
(분모가 같은 진분수의 크기 비교하기)

4-2-1
분수와 소수
(단위분수의 크기 비교하기)

## 기억해 볼까요?

색칠한 부분을 분수로 나타내고 읽어 보세요.

1 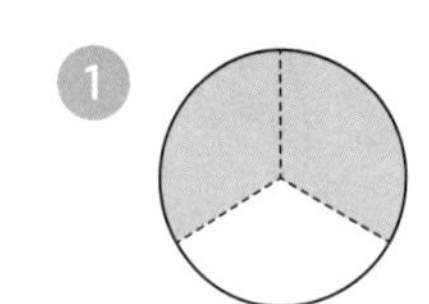

쓰기 ______

읽기 ______

2 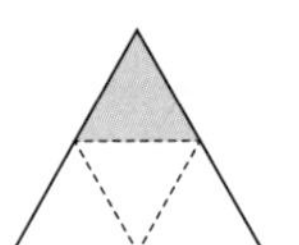

쓰기 ______

읽기 ______

## 30초 개념

분모가 같은 진분수의 크기를 비교할 수 있어요.

$\frac{2}{4}$와 $\frac{3}{4}$의 크기 비교

$\frac{2}{4}$는 $\frac{1}{4}$이 2개입니다.

| $\frac{2}{4}$ | $\frac{1}{4}$ | $\frac{1}{4}$ | | |
|---|---|---|---|---|

단위분수의 수를 비교해요.

$\frac{3}{4}$은 $\frac{1}{4}$이 3개입니다.

| $\frac{3}{4}$ | $\frac{1}{4}$ | $\frac{1}{4}$ | $\frac{1}{4}$ | |
|---|---|---|---|---|

➡ $\frac{2}{4} < \frac{3}{4}$

**분모가 같은 진분수는 분자가 큰 분수가 더 커요.**

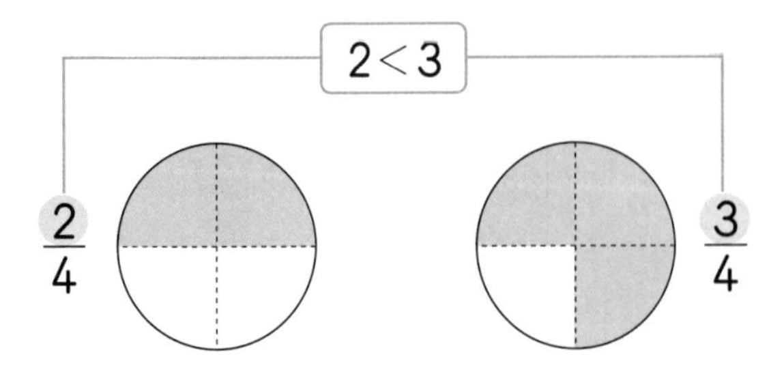


$\frac{1}{4}$의 개수가 분자와 같아요.
분모가 같은 진분수는 분자의 크기만 비교하면 돼요.

주어진 분수만큼 색칠하고 ○ 안에 >, =, <를 알맞게 써넣으세요.

1 $\frac{3}{5}$ ➡ 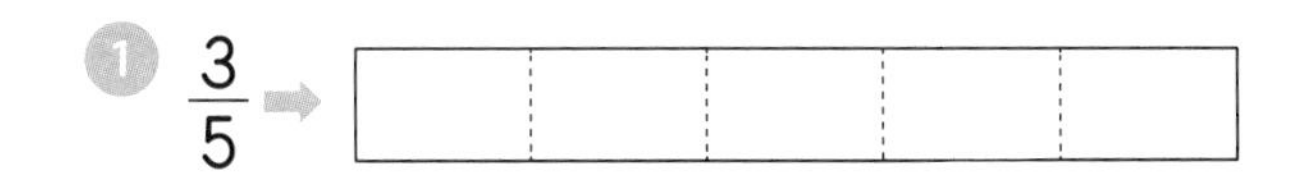 $\frac{3}{5}$은 $\frac{1}{5}$이 ☐ 개입니다.

$\frac{2}{5}$ ➡ $\frac{2}{5}$는 $\frac{1}{5}$이 ☐ 개입니다.

$\frac{3}{5}$ ○ $\frac{2}{5}$

2 $\frac{2}{4}$ $\frac{1}{4}$

$\frac{2}{4}$ ○ $\frac{1}{4}$

3 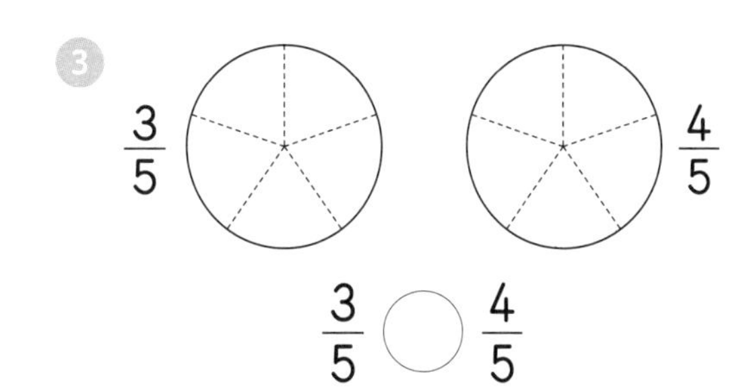

$\frac{3}{5}$ ○ $\frac{4}{5}$

4 $\frac{3}{6}$ $\frac{5}{6}$

$\frac{3}{6}$ ○ $\frac{5}{6}$

5 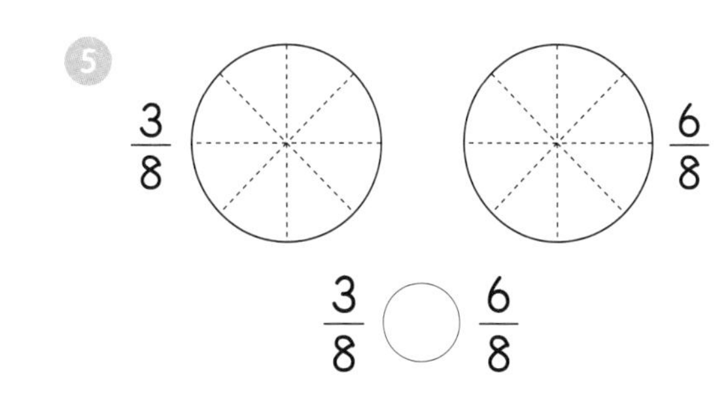

$\frac{3}{8}$ ○ $\frac{6}{8}$

6 $\frac{5}{9}$ $\frac{2}{9}$

$\frac{5}{9}$ ○ $\frac{2}{9}$

7 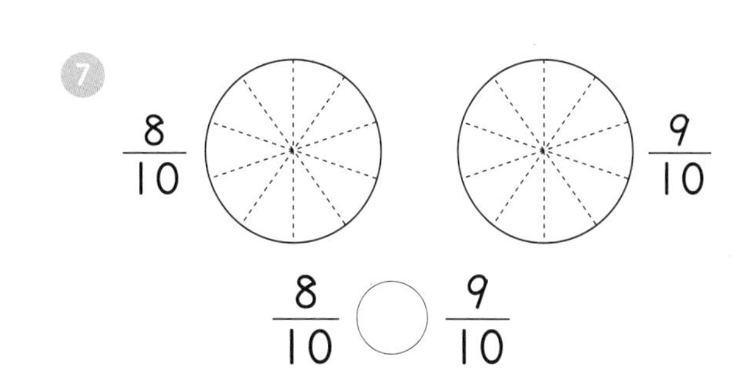

$\frac{8}{10}$ ○ $\frac{9}{10}$

두 분수의 크기를 비교하여 ○ 안에 $>$, $=$, $<$를 알맞게 써넣으세요.

① $\frac{2}{3}$ ○ $\frac{1}{3}$

② $\frac{3}{4}$ ○ $\frac{1}{4}$

③ $\frac{2}{5}$ ○ $\frac{2}{5}$

④ $\frac{6}{7}$ ○ $\frac{5}{7}$

⑤ $\frac{5}{9}$ ○ $\frac{3}{9}$

⑥ $\frac{7}{10}$ ○ $\frac{9}{10}$

⑦ $\frac{1}{11}$ ○ $\frac{10}{11}$

⑧ $\frac{6}{12}$ ○ $\frac{5}{12}$

⑨ $\frac{13}{15}$ ○ $\frac{14}{15}$

⑩ $\frac{11}{13}$ ○ $\frac{11}{13}$

⑪ $\frac{21}{22}$ ○ $\frac{19}{22}$

⑫ $\frac{30}{31}$ ○ $\frac{29}{31}$

**설명해 보세요**

$\frac{5}{7}$가 $\frac{3}{7}$보다 큰 이유를 설명해 보세요.

가장 큰 분수와 가장 작은 분수를 찾아 쓰세요.

**1** $\frac{9}{10}$ $\frac{5}{10}$ $\frac{7}{10}$

가장 큰 분수 ( )
가장 작은 분수 ( )

**2** $\frac{11}{24}$ $\frac{19}{24}$ $\frac{9}{24}$

가장 큰 분수 ( )
가장 작은 분수 ( )

**3** $\frac{19}{33}$ $\frac{15}{33}$ $\frac{31}{33}$

가장 큰 분수 ( )
가장 작은 분수 ( )

**4** $\frac{36}{37}$ $\frac{29}{37}$ $\frac{19}{37}$

가장 큰 분수 ( )
가장 작은 분수 ( )

## 도전해 보세요

**1** □ 안에 들어갈 수 있는 수를 모두 찾아 쓰세요.

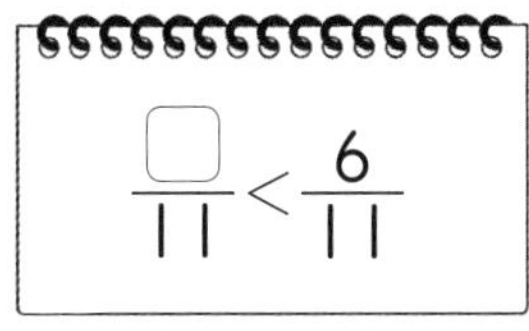


( )

**2** 조건에 알맞은 분수를 모두 구하세요.

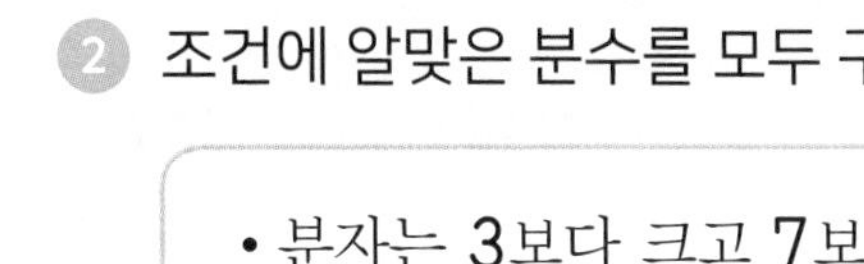

- 분자는 3보다 크고 7보다 작습니다.
- 분모는 9입니다.

( )

# 04 단위분수의 크기 비교하기

3-1-6
분수와 소수
(분모가 같은 진분수의 크기 비교하기)

3-1-6
분수와 소수
(단위분수의 크기 비교하기)

3-1-6
분수와 소수
(분모가 같은 진분수끼리의 덧셈)

## ?! 기억해 볼까요?

두 분수의 크기를 비교하여 ○ 안에 $>$, $=$, $<$를 알맞게 써넣으세요.

❶ $\frac{13}{15}$ ○ $\frac{14}{15}$

❷ $\frac{21}{22}$ ○ $\frac{19}{22}$

## 30초 개념

단위분수의 크기를 비교할 수 있어요.

◎ $\frac{1}{2}$, $\frac{1}{3}$, $\frac{1}{4}$, $\frac{1}{5}$의 크기 비교

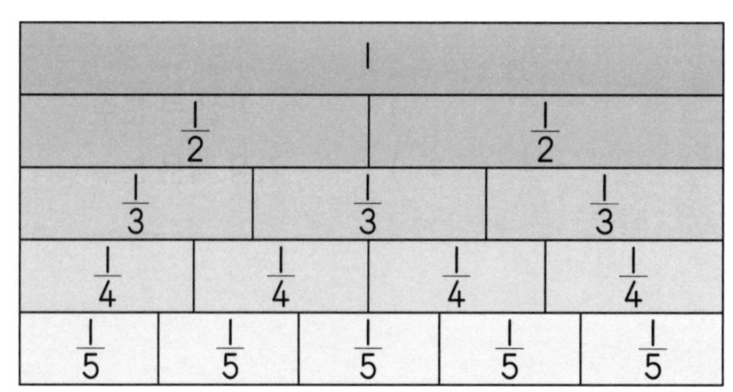


분수 중에서 $\frac{1}{2}$, $\frac{1}{3}$, $\frac{1}{4}$, $\frac{1}{5}$ ……과 같이 분자가 1인 분수를 단위분수라고 합니다.

1 안에 $\frac{1}{2}$이 2개, $\frac{1}{3}$이 3개, $\frac{1}{4}$이 4개, $\frac{1}{5}$이 5개 있습니다. 분모가 클수록 그중 한 조각의 크기는 작아집니다. 따라서

**단위분수는 분모가 클수록 더 작아요.**

단위분수는 분모가 클수록 더 작아지므로 크기는 $\frac{1}{2} > \frac{1}{3} > \frac{1}{4} > \frac{1}{5}$이 돼요.

월 일

주어진 분수만큼 색칠하고 ○ 안에 >, =, <를 알맞게 써넣으세요.

1 $\frac{1}{2}$

$\frac{1}{3}$

$\frac{1}{2}$ ○ $\frac{1}{3}$

2 $\frac{1}{5}$

$\frac{1}{4}$

$\frac{1}{5}$ ○ $\frac{1}{4}$

3 $\frac{1}{4}$

$\frac{1}{3}$

$\frac{1}{4}$ ○ $\frac{1}{3}$

4 $\frac{1}{5}$

$\frac{1}{3}$

$\frac{1}{5}$ ○ $\frac{1}{3}$

5 $\frac{1}{6}$ $\frac{1}{8}$

$\frac{1}{6}$ ○ $\frac{1}{8}$

6 $\frac{1}{9}$ $\frac{1}{7}$

$\frac{1}{9}$ ○ $\frac{1}{7}$

7 $\frac{1}{8}$ $\frac{1}{10}$

$\frac{1}{8}$ ○ $\frac{1}{10}$

8 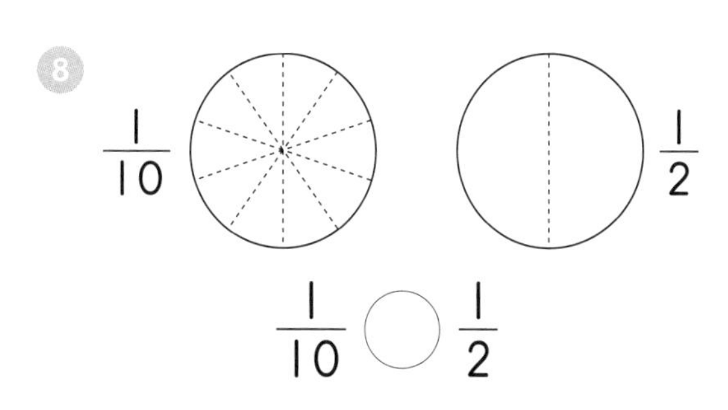
$\frac{1}{10}$ $\frac{1}{2}$

$\frac{1}{10}$ ○ $\frac{1}{2}$

## 개념 다지기

두 분수의 크기를 비교하여 ○ 안에 >, =, <를 알맞게 써넣으세요.

① $\frac{1}{3}$ ○ $\frac{1}{2}$

② $\frac{1}{5}$ ○ $\frac{1}{4}$

③ $\frac{1}{6}$ ○ $\frac{1}{8}$

④ $\frac{1}{7}$ ○ $\frac{1}{9}$

⑤ $\frac{1}{5}$ ○ $\frac{1}{10}$

⑥ $\frac{1}{10}$ ○ $\frac{1}{3}$

⑦ $\frac{1}{11}$ ○ $\frac{1}{12}$

⑧ $\frac{1}{12}$ ○ $\frac{1}{12}$

⑨ $\frac{1}{15}$ ○ $\frac{1}{30}$

⑩ $\frac{1}{15}$ ○ $\frac{1}{16}$

⑪ $\frac{1}{16}$ ○ $\frac{1}{9}$

⑫ $\frac{1}{31}$ ○ $\frac{1}{30}$

### 설명해 보세요

그림을 그려 $\frac{1}{2}$이 $\frac{1}{5}$보다 큰 이유를 설명해 보세요.

가장 큰 분수와 가장 작은 분수를 찾아 쓰세요.

① $\frac{1}{3}$ $\frac{1}{9}$ $\frac{1}{10}$

가장 큰 분수 (　　　　　　　　)
가장 작은 분수 (　　　　　　　　)

② $\frac{1}{13}$ $\frac{1}{23}$ $\frac{1}{3}$

가장 큰 분수 (　　　　　　　　)
가장 작은 분수 (　　　　　　　　)

③ $\frac{1}{33}$ $\frac{1}{11}$ $\frac{1}{22}$

가장 큰 분수 (　　　　　　　　)
가장 작은 분수 (　　　　　　　　)

④ $\frac{1}{37}$ $\frac{1}{2}$ $\frac{1}{35}$

가장 큰 분수 (　　　　　　　　)
가장 작은 분수 (　　　　　　　　)

## 도전해 보세요

① $\frac{1}{9}$보다 큰 분수를 모두 찾아 쓰세요.

$\frac{1}{8}$ $\frac{1}{11}$ $\frac{1}{2}$ $\frac{1}{20}$

(　　　　　　　　)

② 조건에 알맞은 분수를 모두 구하세요.

- $\frac{1}{2}$보다 작은 분수입니다.
- 단위분수입니다.
- 분모는 5보다 작습니다.

(　　　　　　　　)

# 05 전체 묶음 수에 대한 부분 묶음 수를 분수로 나타내기

3-1-6
분수와 소수
(전체와 부분의 관계를 분수로 나타내기)

3-2-4
분수
(전체 묶음 수에 대한 부분 묶음 수를 분수로 나타내기)

3-2-4
분수
(분수만큼은 얼마인지 알기)

## ?! 기억해 볼까요?

그림을 보고 □ 안에 알맞은 수를 써넣으세요.

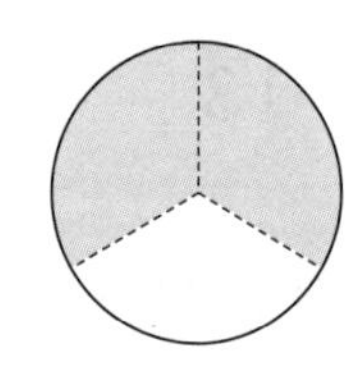

전체를 똑같이 □으로 나눈 것 중의 □ ➡ 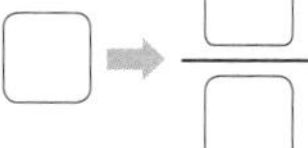

## 30초 개념

부분은 전체의 얼마인지 분수로 나타낼 수 있어요.

사과 6개에 대한 부분 묶음 수를 분수로 나타내기

사과 6개를 2묶음으로 똑같이 나누었을 때 (전체)
사과 3개가 1묶음입니다. (부분)

부분 3은 전체 6의 $\frac{1}{2}$입니다.

사과 6개를 3묶음으로 똑같이 나누었을 때 (전체)
사과 2개가 1묶음입니다. (부분)

부분 2는 전체 6의 $\frac{1}{3}$입니다.

전체는 항상 분모, 부분은 항상 분자로 나타내면 돼요.

부분은 전체의 $\frac{\text{부분의 묶음 수}}{\text{전체 묶음 수}}$예요.

월 일 ☆☆☆☆☆

색칠한 부분을 분수로 나타내려고 합니다. □ 안에 알맞은 수를 써넣으세요.

1

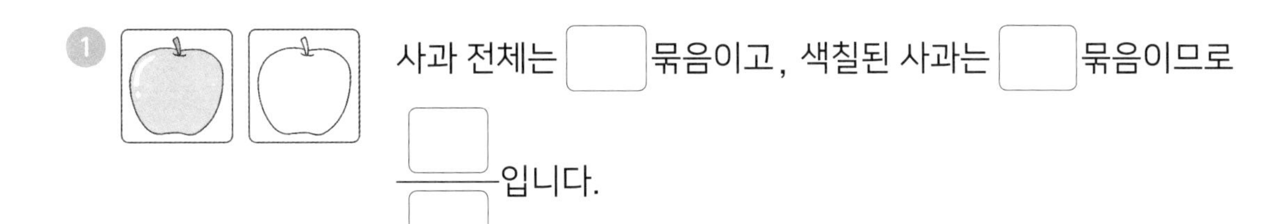

사과 전체는 □ 묶음이고, 색칠된 사과는 □ 묶음이므로 $\frac{\square}{\square}$ 입니다.

2

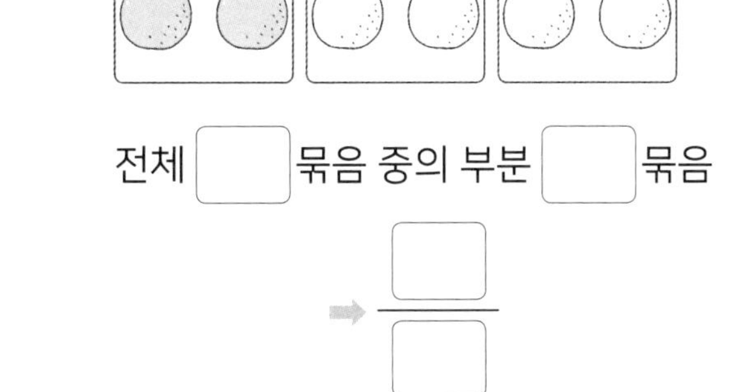

전체 □ 묶음 중의 부분 □ 묶음

➡ $\frac{\square}{\square}$

3

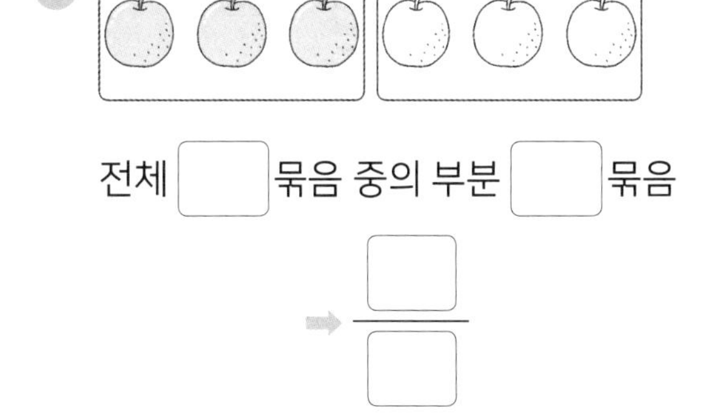

전체 □ 묶음 중의 부분 □ 묶음

➡ $\frac{\square}{\square}$

4

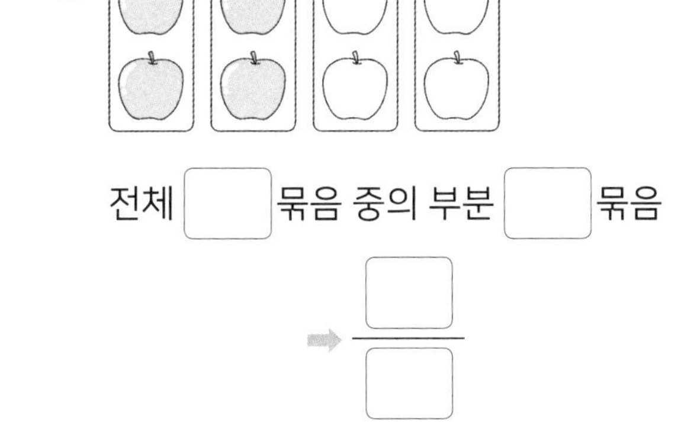

전체 □ 묶음 중의 부분 □ 묶음

➡ $\frac{\square}{\square}$

5

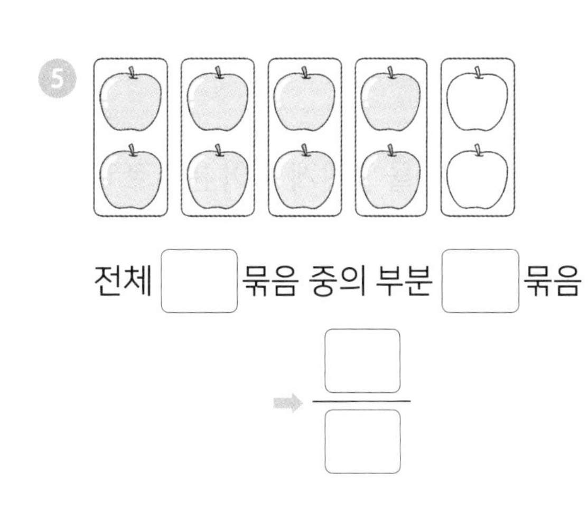

전체 □ 묶음 중의 부분 □ 묶음

➡ $\frac{\square}{\square}$

6

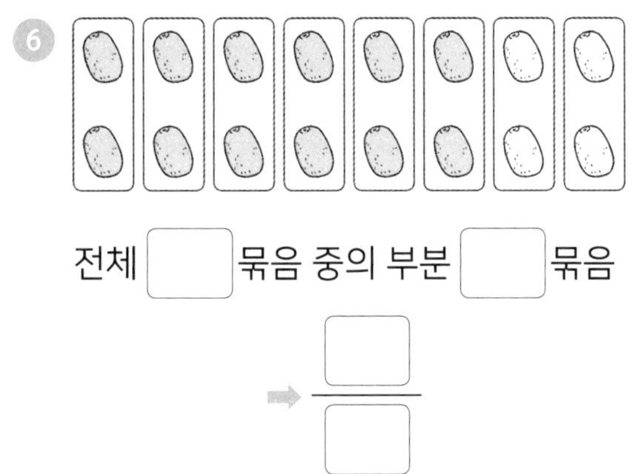

전체 □ 묶음 중의 부분 □ 묶음

➡ $\frac{\square}{\square}$

7

전체 □ 묶음 중의 부분 □ 묶음

➡ $\frac{\square}{\square}$

색칠한 부분은 전체의 얼마인지 분수로 나타내세요.

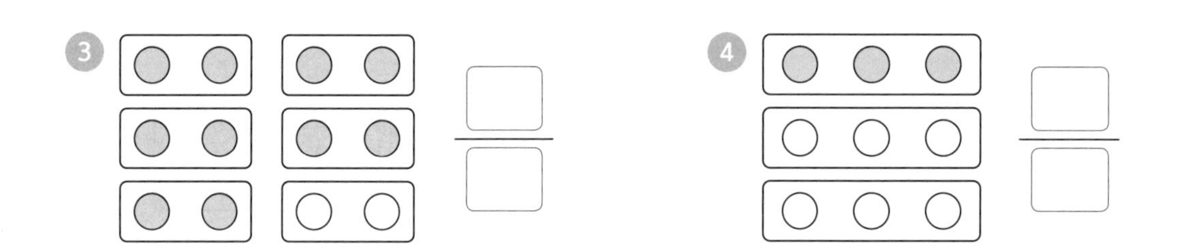

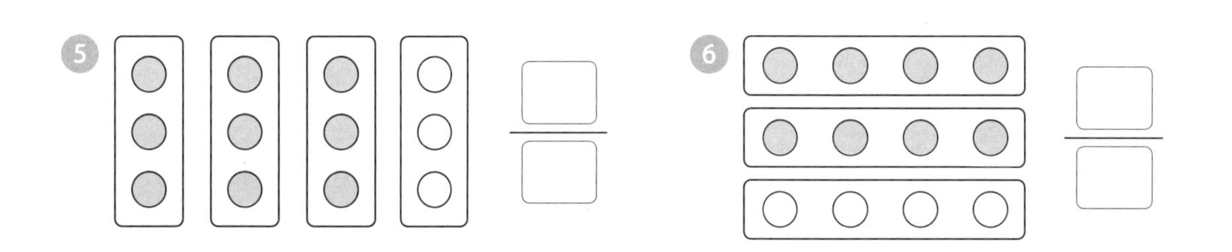

색칠한 부분을 알맞게 묶어 분수로 나타내세요.

설명해 보세요

색칠한 부분이 전체의 얼마인지 구하고 그 과정을 설명해 보세요.

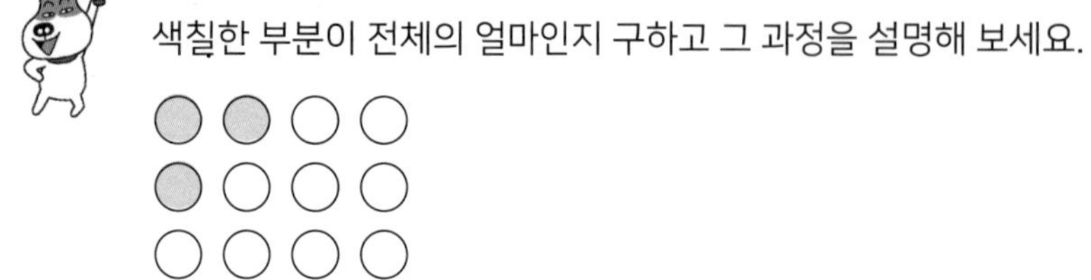

사과 16개를 똑같이 나누었을 때 □ 안에 알맞은 분수를 써넣으세요.

1. 8은 16의 □ 입니다.

2. 8은 16의 □ 입니다.

3. 8은 16의 □ 입니다.

4. 8은 16의 □ 입니다.

## 도전해 보세요

1. 3개씩 묶고 9는 전체의 몇 분의 몇인지 구하세요.

( )

2. 하늘이는 쿠키 36개를 6개씩 접시에 나누어 담았습니다. 쿠키 6개는 전체의 몇 분의 몇일까요?

( )

# 06 분수만큼은 얼마인지 알아보기 (1)

- 3-2-4 분수 (전체 묶음 수에 대한 부분 묶음 수를 분수로 나타내기)
- 3-2-4 분수 (분수만큼은 얼마인지 알아보기 (1))
- 3-2-4 분수 (분수만큼은 얼마인지 알아보기 (2))

## ?! 기억해 볼까요?

색칠한 부분을 분수로 나타내세요.

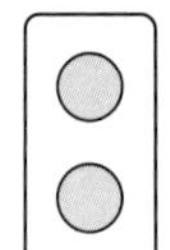 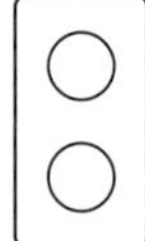 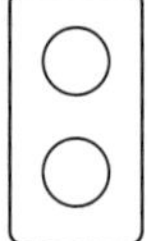 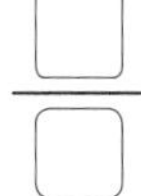

## 30초 개념

한 개, 두 개……와 같이 셀 수 있는 물건의 분수만큼을 알 수 있어요.

사과 6개를 3묶음으로 똑같이 나누었을 때

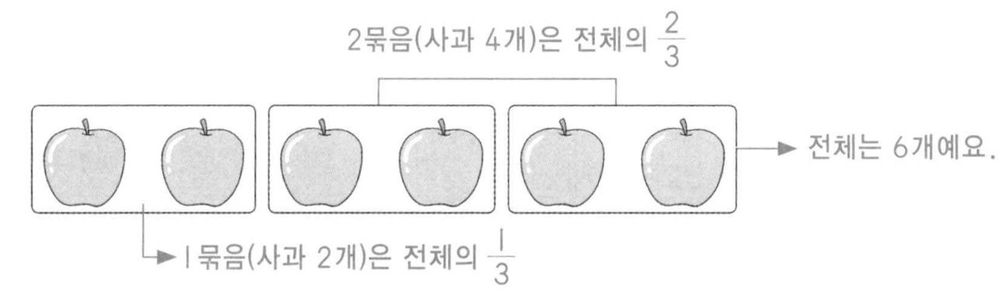


- 1묶음은 전체의 $\frac{1}{3}$입니다.
- 1묶음의 사과는 2개이므로 6의 $\frac{1}{3}$은 2입니다.
- 2묶음은 전체의 $\frac{2}{3}$입니다.
- 2묶음의 사과는 4개이므로 6의 $\frac{2}{3}$는 4입니다.

6의 $\frac{2}{3}$를 곱셈과 나눗셈으로 구할 수 있어요.

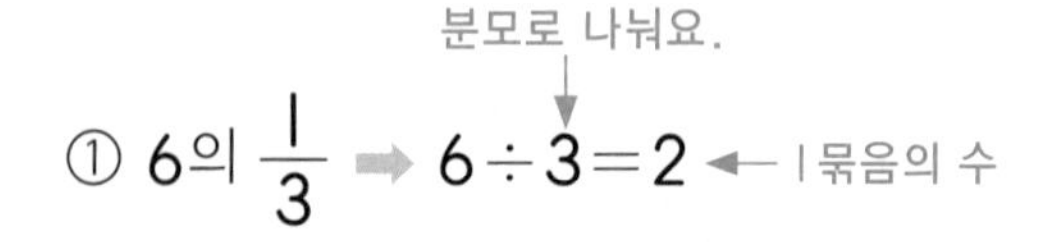

## 주어진 분수만큼 색칠하고 □ 안에 알맞은 수를 써넣으세요.

1. 3묶음 중의 1묶음

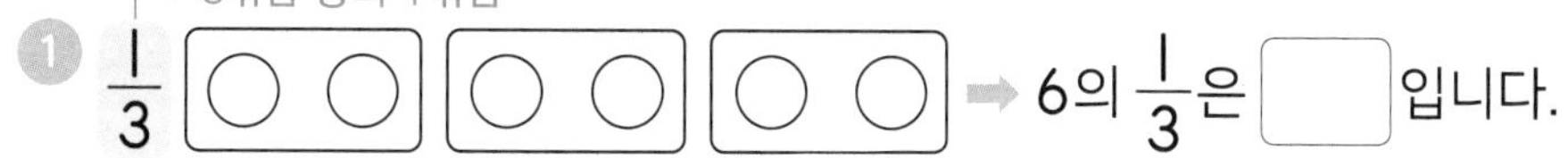

$\frac{1}{3}$ ➡ 6의 $\frac{1}{3}$은 □입니다.

$\frac{2}{3}$ ➡ 6의 $\frac{2}{3}$는 □입니다.

2. $\frac{1}{4}$ ➡ 8의 $\frac{1}{4}$은 □입니다.

$\frac{2}{4}$ ➡ 8의 $\frac{2}{4}$는 □입니다.

$\frac{3}{4}$ ➡ 8의 $\frac{3}{4}$은 □입니다.

## □ 안에 알맞은 수를 써넣으세요.

3. 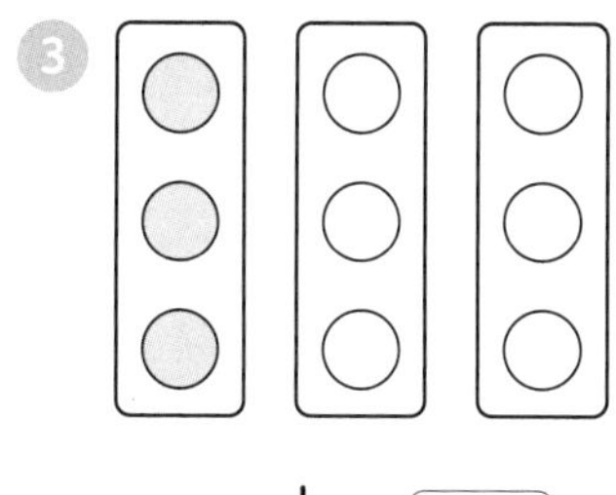

9의 $\frac{1}{3}$은 □

4. 8의 $\frac{1}{2}$은 □

5. 12의 $\frac{2}{3}$는 □

6. 15의 $\frac{2}{5}$는 □

개념 다지기

그림을 보고 □ 안에 알맞은 수를 써넣으세요.

❶ 

8의 $\frac{1}{2}$은 □입니다.

❷ 

10의 $\frac{3}{5}$은 □입니다.

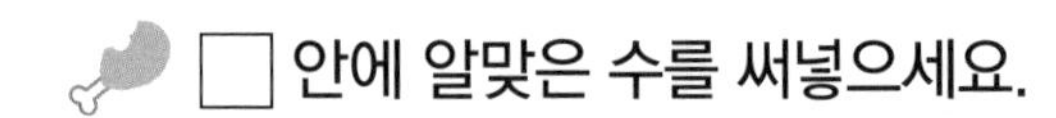
□ 안에 알맞은 수를 써넣으세요.

❸ 9의 $\frac{2}{3}$는 □

❹ 12의 $\frac{1}{4}$은 □

❺ 14의 $\frac{3}{7}$은 □

❻ 20의 $\frac{2}{5}$는 □

❼ 15의 $\frac{3}{5}$은 □

❽ 21의 $\frac{2}{3}$는 □

❾ 24의 $\frac{5}{6}$는 □

❿ 28의 $\frac{3}{4}$은 □

설명해 보세요

20의 $\frac{3}{4}$은 얼마인지 그림을 그려 설명해 보세요.

그림을 보고 □ 안에 알맞은 수를 써넣으세요.

① 

12의 $\frac{1}{2}$은 □입니다.

12의 $\frac{2}{3}$는 □입니다.

12의 $\frac{3}{4}$은 □입니다.

②

16의 $\frac{1}{2}$은 □입니다.

16의 $\frac{3}{4}$은 □입니다.

16의 $\frac{7}{8}$은 □입니다.

□ 안에 알맞은 수를 써넣으세요.

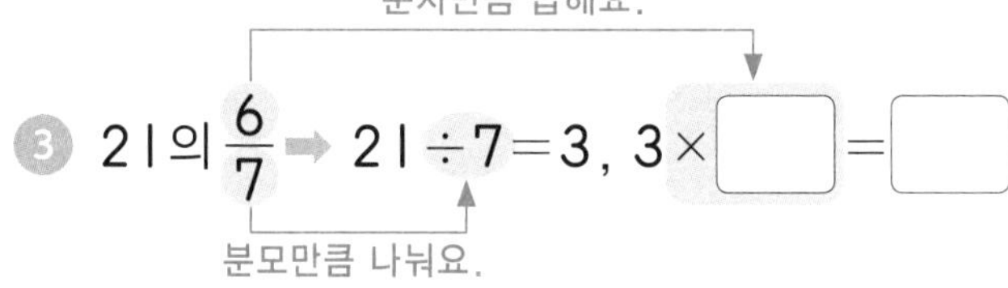


③ 21의 $\frac{6}{7}$ ➡ 21÷7=3, 3×□=□

④ 24의 $\frac{2}{8}$ ➡ 24÷8=3, □×□=□

⑤ 27의 $\frac{6}{9}$ ➡ 27÷□=□, □×□=□

⑥ 30의 $\frac{5}{10}$ ➡ □÷□=□, □×□=□

## 도전해 보세요

① 바다네 반 30명 중 $\frac{1}{2}$이 남학생입니다. 바다네 반 남학생은 모두 몇 명일까요?

(　　　　　　)

② 우유 36개 중 $\frac{3}{9}$은 초코우유, 나머지는 흰 우유입니다. 흰우유는 모두 몇 개일까요?

(　　　　　　)

# 07 분수만큼은 얼마인지 알아보기 (2)

3-2-4
분수
(분수만큼은 얼마인지 알아보기 (1))

3-2-4
분수
(분수만큼은 얼마인지 알아보기 (2))

3-2-4
분수
(분수의 종류 알아보기)

## 기억해 볼까요?

□ 안에 알맞은 수를 써넣으세요.

① 6의 $\frac{2}{3}$는 □입니다.

② 8의 $\frac{3}{4}$은 □입니다.

## 30초 개념

길이, 넓이, 시간, 무게 등과 같이 셀 수 없는 것들의 분수만큼을 알 수 있어요.

종이띠 20 cm를 4부분으로 똑같이 나누었을 때

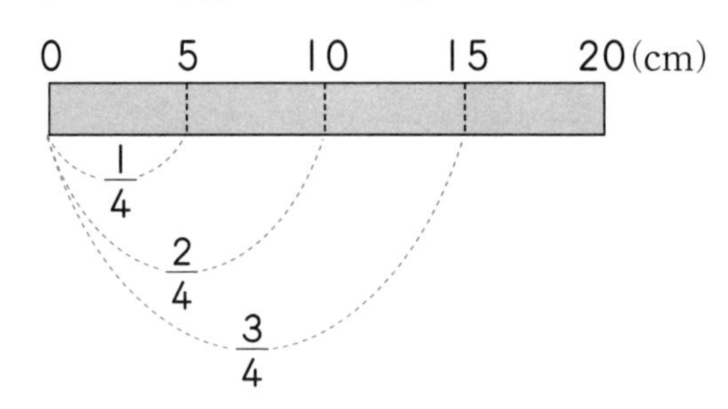


- 1부분은 $20 \div 4 = 5$(cm)입니다.
- 1부분의 길이는 5 cm이므로 20 cm의 $\frac{1}{4}$은 5 cm입니다.
- 2부분의 길이는 10 cm이므로 20 cm의 $\frac{2}{4}$는 10 cm입니다.
- 3부분의 길이는 15 cm이므로 20 cm의 $\frac{3}{4}$은 15 cm입니다.

20의 $\frac{1}{4}$은 5이므로 20의 $\frac{2}{4}$는 $5 \times 2 = 10$이고,
20의 $\frac{3}{4}$은 $5 \times 3 = 15$야.

월 일 ☆☆☆☆☆

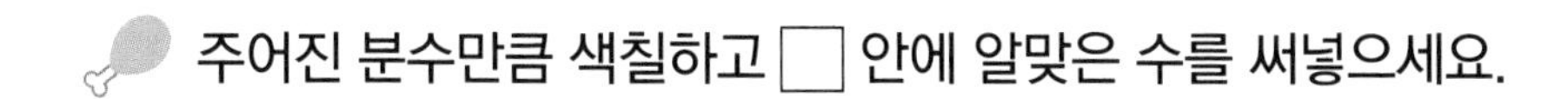

주어진 분수만큼 색칠하고 □ 안에 알맞은 수를 써넣으세요.

1

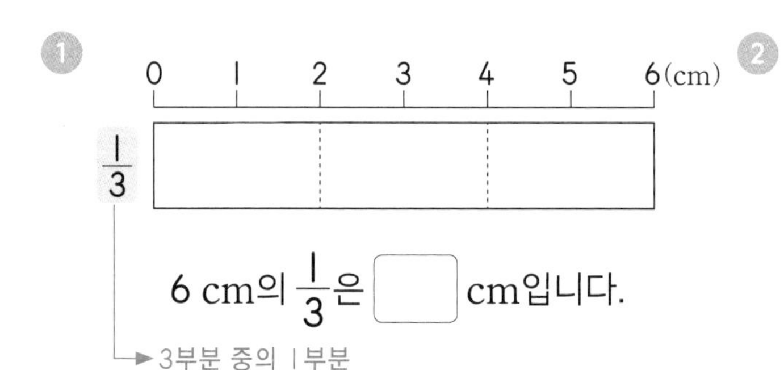


6 cm의 $\frac{1}{3}$은 □ cm입니다.

2

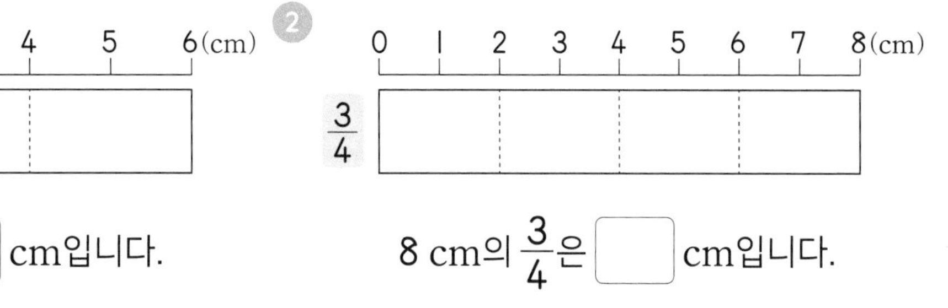


8 cm의 $\frac{3}{4}$은 □ cm입니다.

3

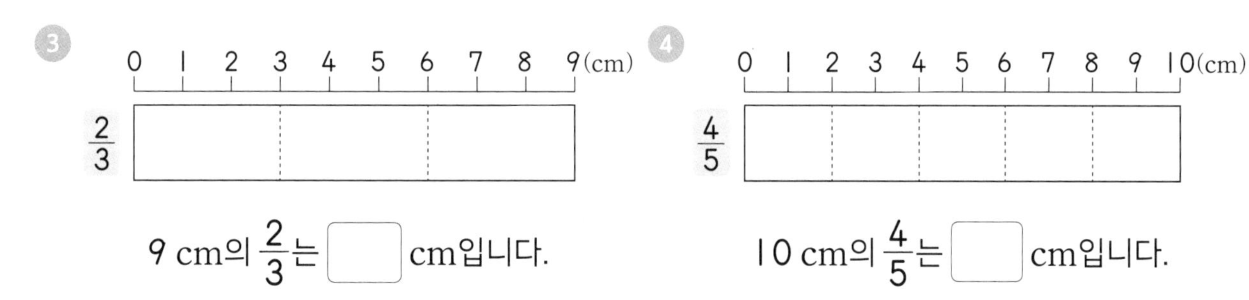


9 cm의 $\frac{2}{3}$는 □ cm입니다.

4

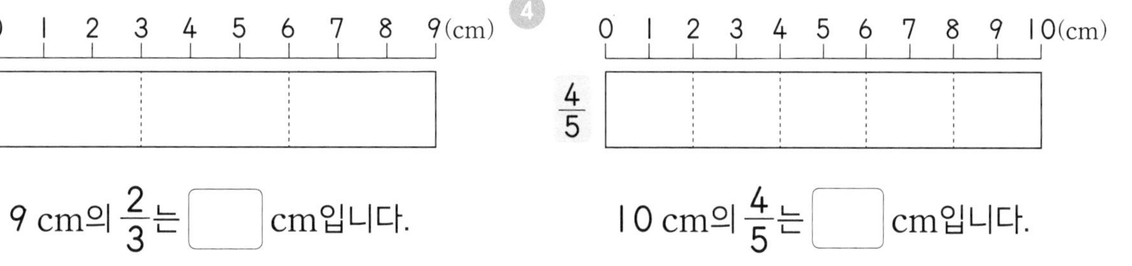


10 cm의 $\frac{4}{5}$는 □ cm입니다.

5

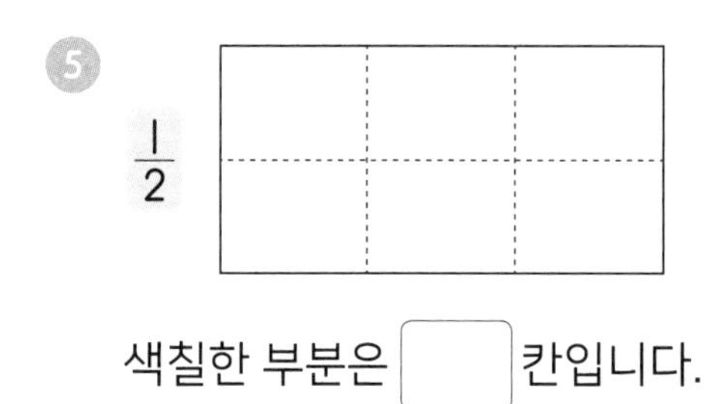


색칠한 부분은 □ 칸입니다.

6

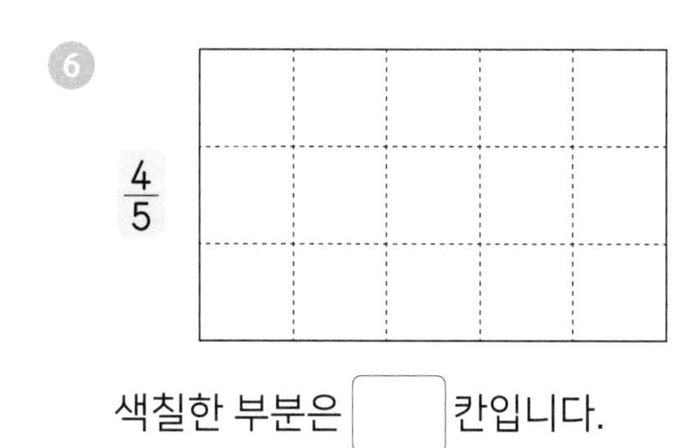


색칠한 부분은 □ 칸입니다.

7

1시간의 $\frac{1}{4}$

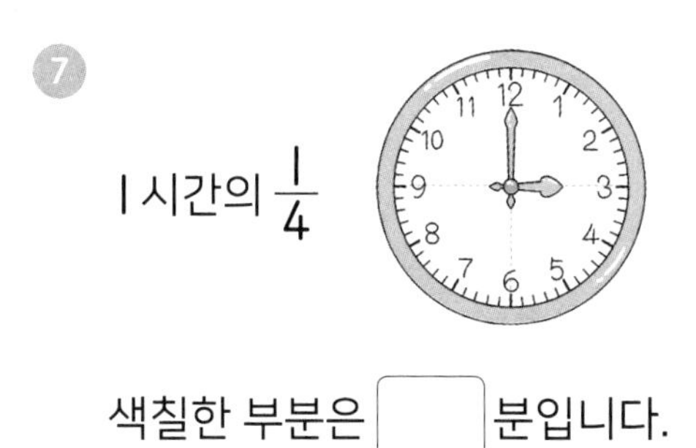

색칠한 부분은 □ 분입니다.

8

1시간의 $\frac{1}{3}$

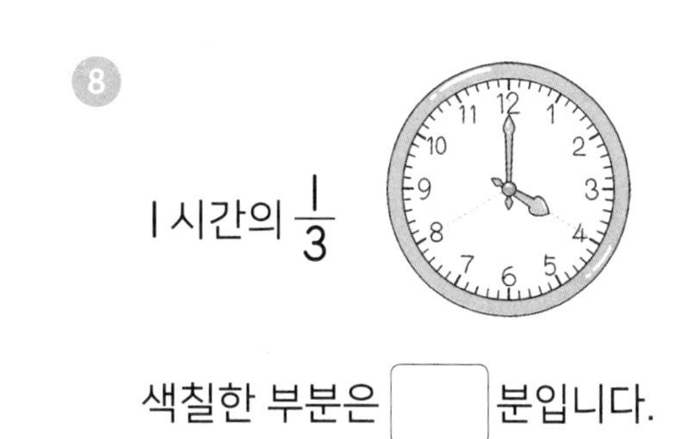

색칠한 부분은 □ 분입니다.

□ 안에 알맞은 수를 써넣으세요.

① 6 cm의 $\frac{1}{2}$은 □ cm

② 12 cm의 $\frac{2}{3}$는 □ cm

③ 15 cm의 $\frac{3}{5}$은 □ cm

④ 20 cm의 $\frac{3}{4}$은 □ cm

⑤ 24 cm의 $\frac{2}{8}$는 □ cm

⑥ 27 cm의 $\frac{2}{3}$는 □ cm

⑦ 30 kg의 $\frac{3}{5}$은 □ kg

⑧ 45 kg의 $\frac{2}{9}$는 □ kg

⑨ 1시간의 $\frac{1}{2}$은 □ 분

1시간은 60분이야.
60의 $\frac{1}{2}$을 구하면 돼.

⑩ 1시간의 $\frac{1}{6}$은 □ 분

⑪ 25칸의 $\frac{4}{5}$는 □ 칸

⑫ 30칸의 $\frac{5}{6}$는 □ 칸

**설명해 보세요**

1 m의 $\frac{1}{4}$은 몇 cm인지 구하고 그 과정을 설명해 보세요.

그림을 보고 □ 안에 알맞은 수를 써넣으세요.

❶ 0 1 2 3 4 5 6 7 8(cm)

$8\text{ cm}$의 $\frac{1}{2}$은 □ cm입니다.

$8\text{ cm}$의 $\frac{1}{4}$은 □ cm입니다.

$8\text{ cm}$의 $\frac{1}{8}$은 □ cm입니다.

❷

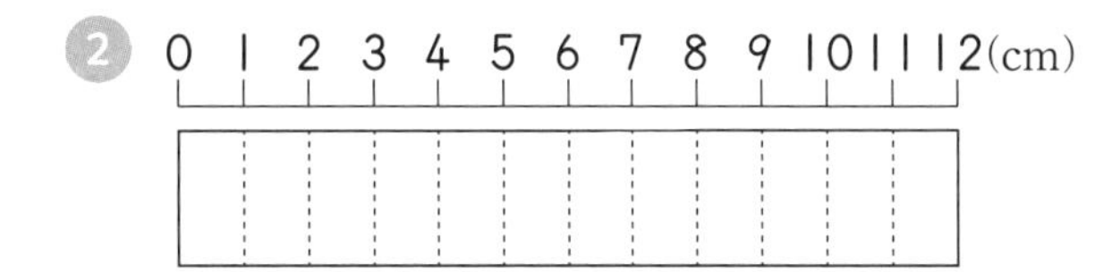


$12\text{ cm}$의 $\frac{1}{2}$은 □ cm입니다.

$12\text{ cm}$의 $\frac{2}{4}$는 □ cm입니다.

$12\text{ cm}$의 $\frac{3}{6}$은 □ cm입니다.

1시간=60분이고, $1\text{ m}=100\text{ cm}$입니다. □ 안에 알맞은 수를 써넣으세요.

❸ $\frac{1}{3}$시간 ➡ 60의 $\frac{1}{3}$ ➡ □ 분

❹ $\frac{2}{5}$시간 ➡ 60의 $\frac{2}{5}$ ➡ □ 분

❺ $\frac{1}{2}\text{ m}$ ➡ 100의 $\frac{1}{2}$ ➡ □ cm

❻ $\frac{3}{10}\text{ m}$ ➡ 100의 $\frac{3}{10}$ ➡ □ cm

## 도전해 보세요

❶ 바다는 리본 $36\text{ cm}$의 $\frac{5}{6}$를 사용하였습니다. 바다가 사용한 리본은 몇 cm일까요?

( )

❷ 종이띠 $10\text{ cm}$의 $\frac{2}{5}$를 사용하면 남는 종이띠는 몇 cm일까요?

( )

# 08 분수의 종류 알아보기

3-1-6
분수
(똑같이 나누기)

3-2-4
분수
(분수의 종류 알아보기)

3-2-4
분수
(분모가 같은 분수의 크기 비교하기)

## ?! 기억해 볼까요?

색종이를 여러 가지 방법으로 똑같이 넷으로 나누어 보세요.

① 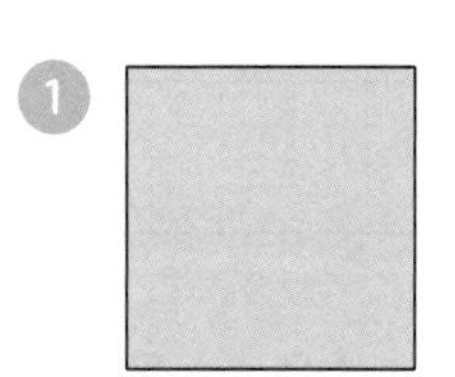

② 

## 30초 개념

분수에는 진분수, 가분수, 대분수가 있어요.

- $\frac{1}{4}$, $\frac{2}{4}$, $\frac{3}{4}$과 같이 분자가 분모보다 작은 분수를 진분수라고 합니다.

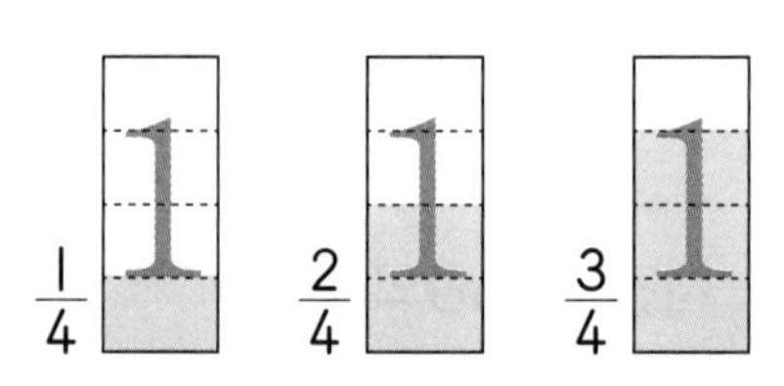

- $\frac{4}{4}$, $\frac{5}{4}$와 같이 분자가 분모와 같거나 분모보다 큰 분수를 가분수라고 합니다.

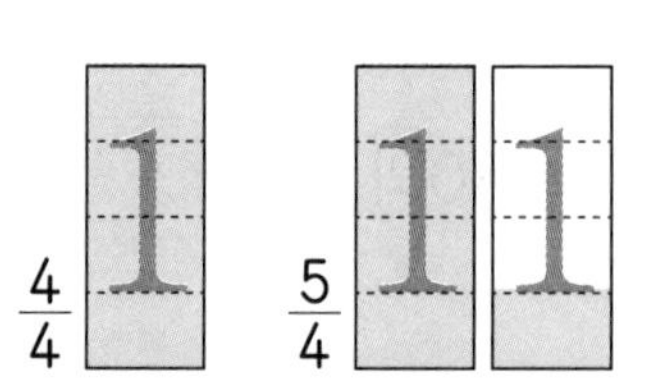

- $1\frac{1}{4}$과 같이 자연수와 진분수로 이루어진 분수를 대분수라 하고, 1과 4분의 1이라고 읽습니다.

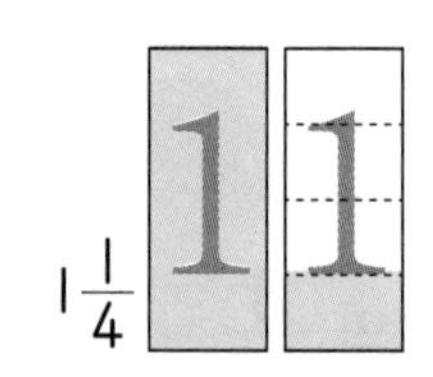

- $\frac{4}{4}$는 1과 같습니다. 1, 2, 3……과 같은 수를 자연수라고 합니다.

위 그림을 보니 가분수 $\frac{5}{4}$와 대분수 $1\frac{1}{4}$은 크기가 같구나.

월 일 ☆☆☆☆☆

그림을 보고 □ 안에 알맞은 수를 써넣으세요.

❶

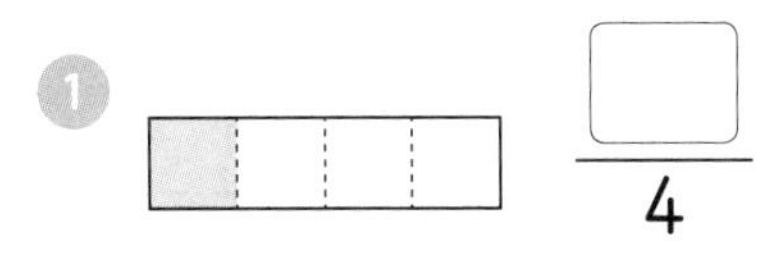

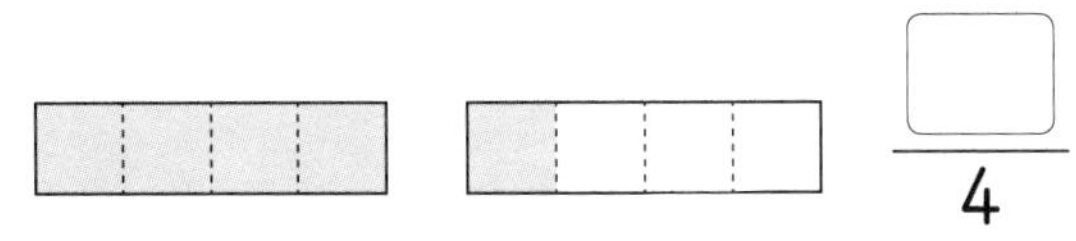

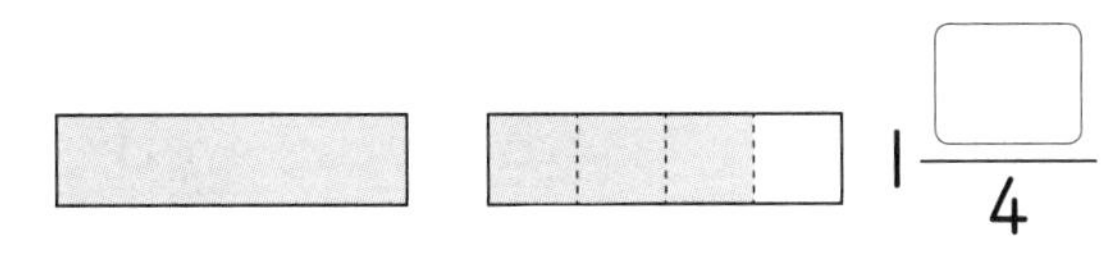

❷

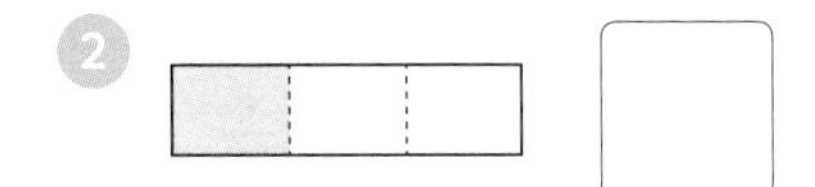

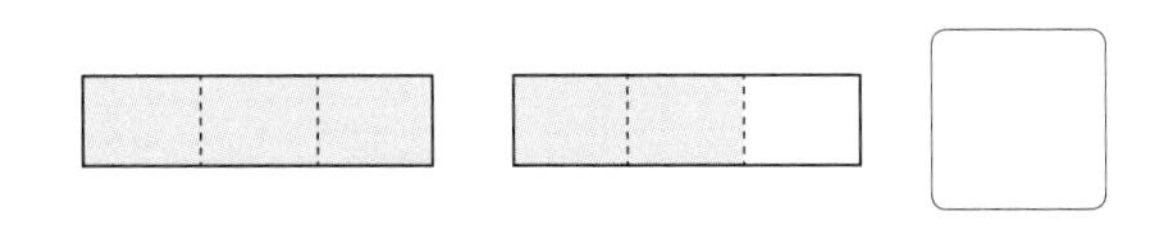

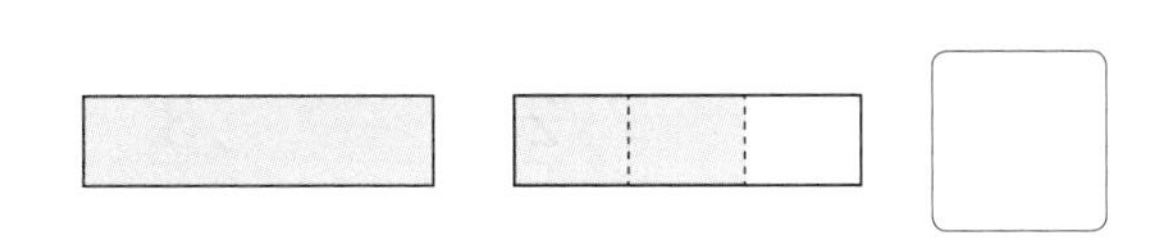

주어진 분수만큼 색칠하고 알맞은 분수에 ○표 하세요.

❸ $\frac{4}{5}$ ➡

( 진분수 , 가분수 , 대분수 )

❹ $\frac{5}{5}$ ➡

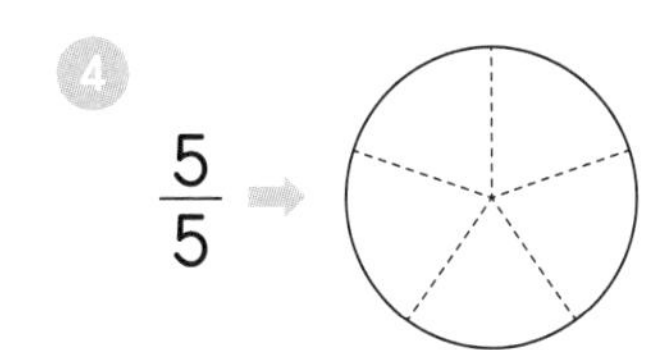

( 진분수 , 가분수 , 대분수 )

❺ $\frac{7}{10}$ ➡

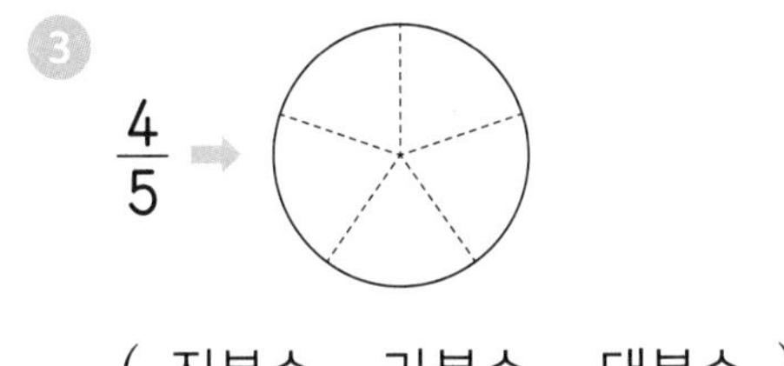

( 진분수 , 가분수 , 대분수 )

❻ $\frac{10}{7}$ ➡

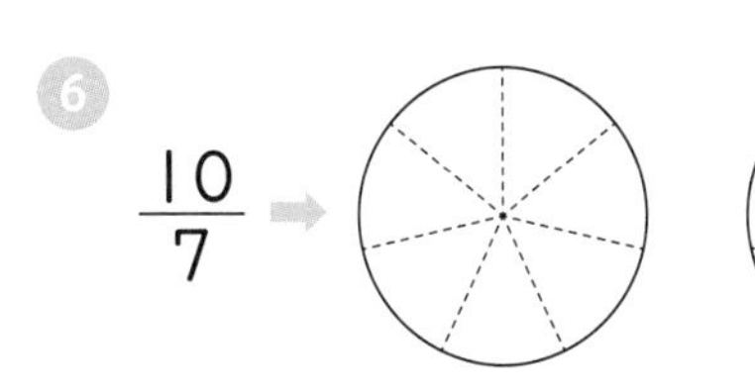

( 진분수 , 가분수 , 대분수 )

❼ $1\frac{1}{4}$ ➡

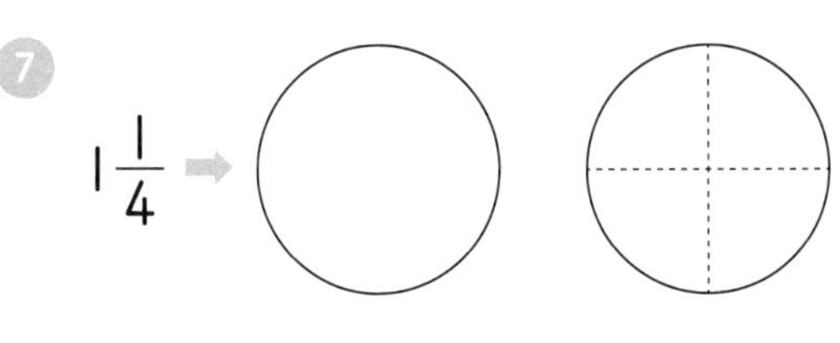

( 진분수 , 가분수 , 대분수 )

❽ $\frac{5}{4}$ ➡

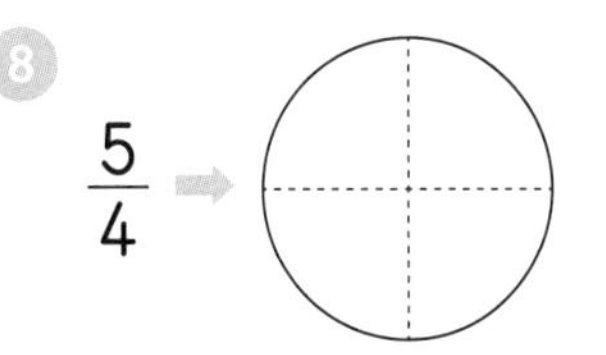

( 진분수 , 가분수 , 대분수 )

## 개념 다지기

진분수는 '진', 가분수는 '가', 대분수는 '대', 자연수는 '자'를 쓰세요.

① $\frac{1}{3}$ (　　) $\frac{2}{3}$ (　　) $1\frac{1}{3}$ (　　)

② $\frac{4}{5}$ (　　) $1\frac{2}{4}$ (　　) $1\frac{1}{5}$ (　　)

③ $\frac{1}{2}$ (　　) $\frac{2}{2}$ (　　) $\frac{3}{2}$ (　　)

④ $3\frac{1}{6}$ (　　) $\frac{8}{9}$ (　　) $4\frac{3}{4}$ (　　)

⑤ $\frac{10}{5}$ (　　) $\frac{10}{10}$ (　　) $1\frac{1}{10}$ (　　)

⑥ $2$ (　　) $2\frac{4}{6}$ (　　) $\frac{5}{9}$ (　　)

⑦ $3$ (　　) $\frac{14}{15}$ (　　) $\frac{100}{20}$ (　　)

⑧ $\frac{20}{21}$ (　　) $20$ (　　) $1\frac{10}{25}$ (　　)

⑨ $100\frac{1}{2}$ (　　) $\frac{100}{100}$ (　　) $\frac{20}{2}$ (　　)

⑩ $25$ (　　) $6\frac{1}{10}$ (　　) $\frac{10}{8}$ (　　)

### 설명해 보세요

가분수를 5개 쓰고 왜 가분수인지 설명해 보세요.

## 개념 키우기

진분수는 ○표, 가분수는 △표, 대분수는 □표 하세요.

**1**

$\frac{1}{2}$ $\frac{1}{4}$ $2\frac{1}{2}$ $\frac{5}{5}$

$3\frac{3}{8}$ $10$ $\frac{8}{3}$ $\frac{5}{6}$

**2**

$\frac{6}{6}$ $\frac{9}{8}$ $\frac{5}{4}$ $\frac{10}{5}$

$\frac{15}{9}$ $\frac{5}{6}$ $7\frac{7}{8}$ $10\frac{5}{3}$

**3**

$\frac{7}{10}$ $5\frac{4}{6}$ $2\frac{5}{8}$ $\frac{6}{7}$

$\frac{8}{8}$ $\frac{11}{12}$ $13$ $\frac{14}{16}$

**4**

$15$ $\frac{10}{9}$ $\frac{17}{11}$ $2\frac{8}{11}$

$1$ $5\frac{10}{11}$ $\frac{11}{10}$ $\frac{1}{23}$

## 도전해 보세요

**1** 주어진 분수를 수직선에 나타내세요.

$\frac{1}{4}$ $\frac{2}{4}$ $\frac{3}{4}$ $\frac{4}{4}$

$\frac{5}{4}$ $\frac{6}{4}$ $1\frac{1}{4}$ $1\frac{2}{4}$

0 1 2

**2** 분모가 5인 진분수를 모두 쓰세요.

(　　　　　　　　　　)

# 09 대분수를 가분수로, 가분수를 대분수로 나타내기

3-2-4
분수
(분수의 종류 알아보기)

3-2-4
분수
(대분수를 가분수로, 가분수를 대분수로 나타내기)

3-2-4
분수
(분모가 같은 분수의 크기 비교하기)

## ?! 기억해 볼까요?

진분수는 '진', 가분수는 '가', 대분수는 '대'를 쓰세요.

① $\frac{1}{2}$ ( ) $\frac{2}{2}$ ( ) $1\frac{1}{2}$ ( )

② $\frac{10}{8}$ ( ) $1\frac{5}{6}$ ( ) $\frac{7}{10}$ ( )

## 30초 개념

대분수를 가분수로, 가분수를 대분수로 나타낼 수 있어요.

$1\frac{1}{4}$ 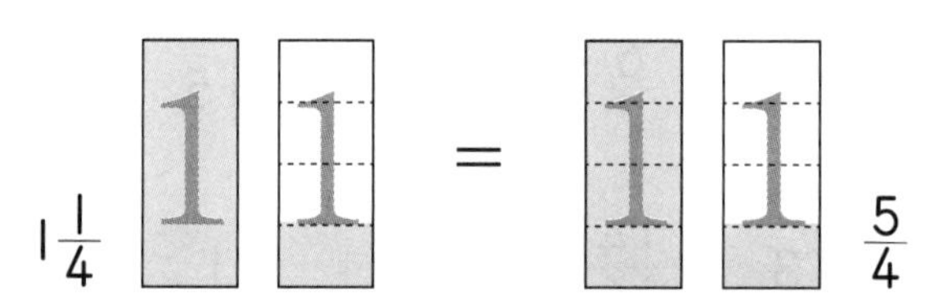 $\frac{5}{4}$

### 대분수를 가분수로 나타내기

$1\frac{1}{4}$ ➡ 1과 $\frac{1}{4}$ ➡ $\frac{4}{4}$와 $\frac{1}{4}$ ➡ $\frac{1}{4}$이 5개 ➡ $\frac{5}{4}$

1을 분모가 4인 가분수로 나타내요.

### 가분수를 대분수로 나타내기

$\frac{5}{4}$ ➡ $\frac{1}{4}$이 5개 ➡ $\frac{4}{4}$와 $\frac{1}{4}$ ➡ 1과 $\frac{1}{4}$ ➡ $1\frac{1}{4}$

$\frac{4}{4}$는 1과 같아요.

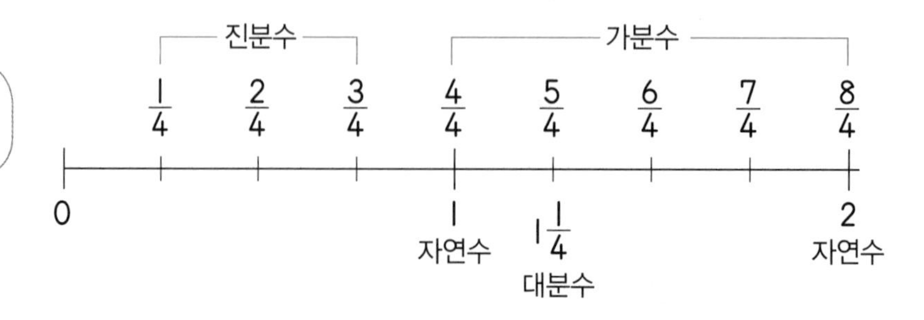

월 일 ☆☆☆☆☆

그림을 보고 대분수를 가분수로 나타내세요.

1

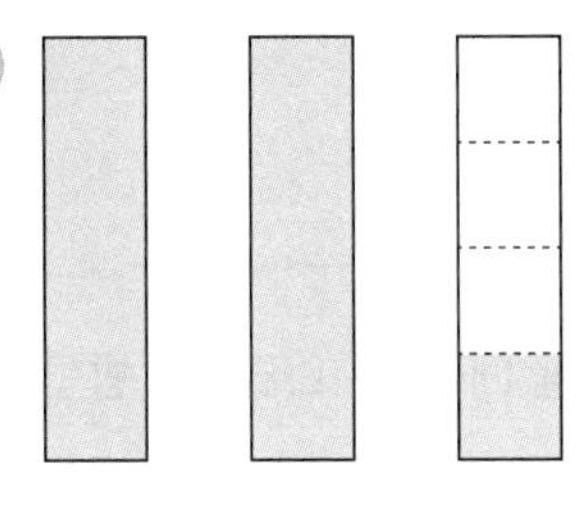

$2\frac{1}{4}=\frac{\square}{4}$

2

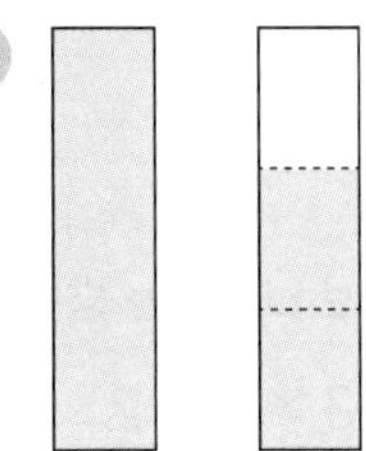

$1\frac{2}{3}=\square$

3

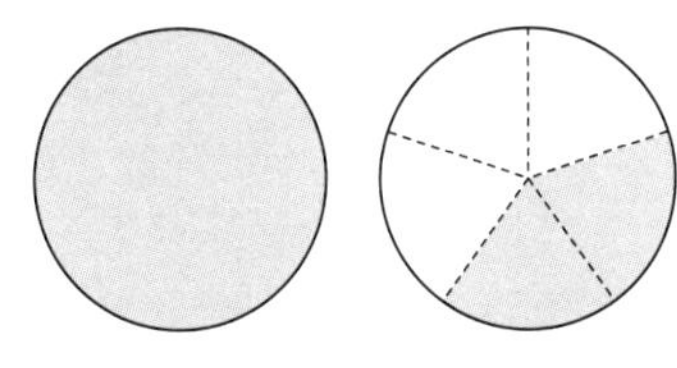

$1\frac{2}{5}=\square$

4

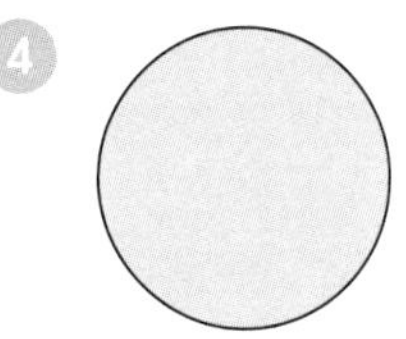

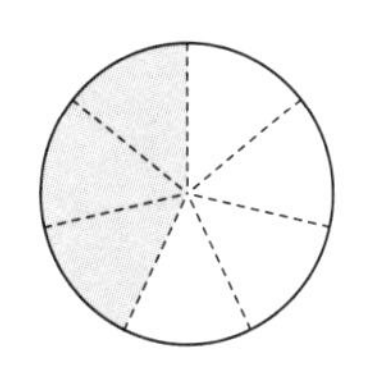

$2\frac{3}{7}=\square$

그림을 보고 가분수를 대분수로 나타내세요.

5

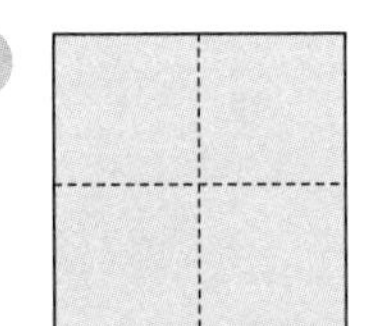
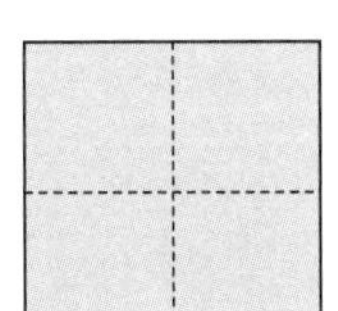
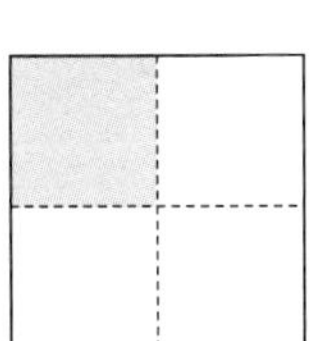

$\frac{9}{4}=\square\frac{\square}{4}$

6

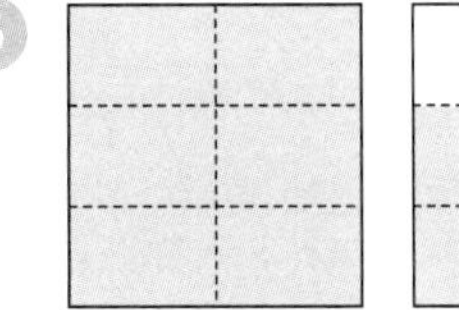

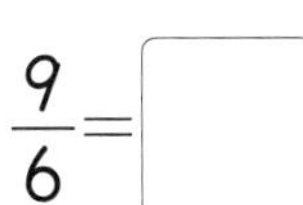

$\frac{9}{6}=\square$

7

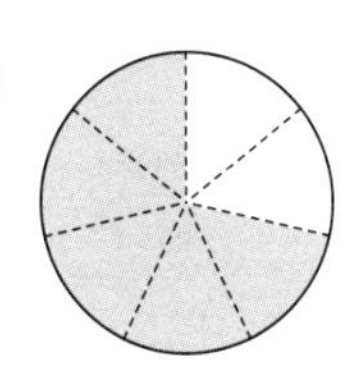
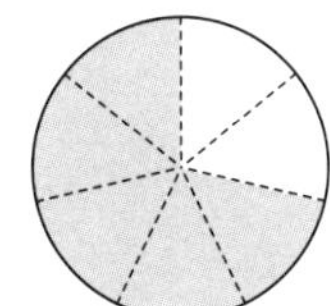
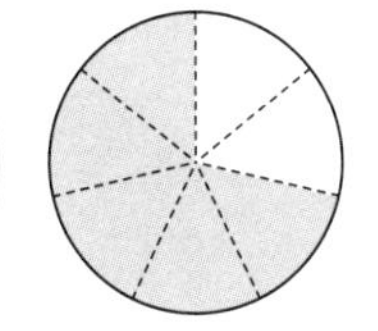

$\frac{15}{7}=\square$

8

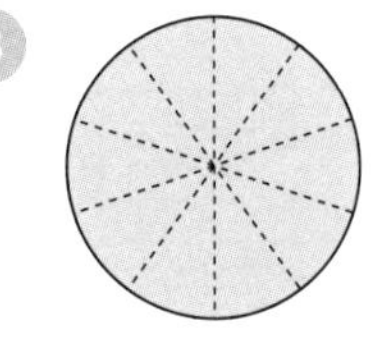
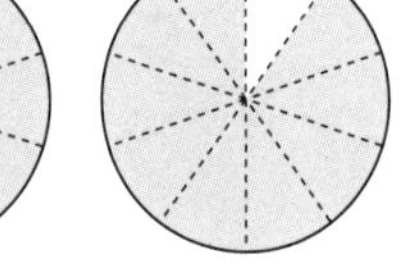

$\frac{19}{10}=\square$

개념 다지기

대분수를 가분수로, 가분수를 대분수로 나타내세요.

❶ $1\frac{2}{3}$ ➡

$1\frac{2}{3}$를 가분수로 나타내는 방법은

$1\frac{2}{3}=\frac{3\times1+2}{3}$

❷ $\frac{7}{3}$ ➡

$\frac{7}{3}$을 대분수로 나타내는 방법은

$\frac{7}{3}$ ➡ $7\div3=2\cdots1$ ➡ $2\frac{1}{3}$

❸ $\frac{8}{5}$ ➡

❹ $2\frac{2}{5}$ ➡

❺ $3\frac{1}{8}$ ➡

❻ $\frac{7}{2}$ ➡

❼ $4\frac{2}{3}$ ➡

❽ $\frac{25}{9}$ ➡

❾ $\frac{35}{8}$ ➡

❿ $6\frac{5}{6}$ ➡

설명해 보세요

$2\frac{1}{9}$을 가분수로 나타내면 $\frac{21}{9}$인지 설명해 보세요.

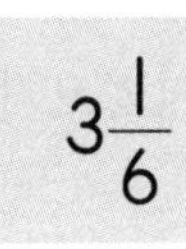

1 대분수를 가분수로, 가분수를 대분수로 바르게 나타낸 것을 찾아 선으로 이어 보세요.

| $3\frac{1}{6}$ | $\frac{21}{6}$ | $\frac{35}{6}$ | $2\frac{5}{6}$ |
| --- | --- | --- | --- |
| $5\frac{5}{6}$ | $3\frac{3}{6}$ | $\frac{19}{6}$ | $\frac{17}{6}$ |

□ 안에 알맞은 수를 써넣으세요.

2 $1\frac{1}{4}=\frac{4\times\square+\square}{4}=\frac{\square}{4}$

3 $3\frac{2}{5}=\frac{5\times\square+\square}{5}=\frac{\square}{5}$

4 $\frac{9}{4}$ ➡ $\square\div4=\square\cdots\square$ ➡ $\square$

5 $\frac{16}{7}$ ➡ $\square\div7=\square\cdots\square$ ➡ $\square$

## 도전해 보세요

1 ↓가 나타내는 분수를 대분수와 가분수로 나타내세요.

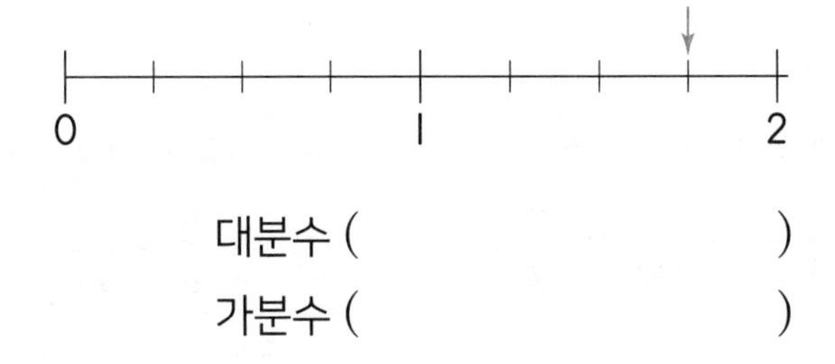


대분수 (　　　　　　　)

가분수 (　　　　　　　)

2 주어진 조건을 만족하는 분수를 가분수로 나타내세요.

- 대분수입니다.
- 2보다 크고 3보다 작습니다.
- 분모는 9입니다.
- 분모와 분자의 합은 10입니다.

(　　　　　　　)

# 10 분모가 같은 분수의 크기 비교하기

- 3-1-6
  분수와 소수
  (분모가 같은 진분수의 크기 비교하기)
- 3-2-4
  분수와 소수
  (분모가 같은 분수의 크기 비교하기)
- 4-2-1
  분수의 덧셈과 뺄셈
  (분모가 같은 진분수끼리의 덧셈)

## ?! 기억해 볼까요?

두 분수의 크기를 비교하여 ○ 안에 >, =, <를 알맞게 써넣으세요.

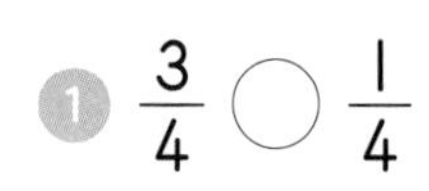

❶ $\frac{3}{4}$ ○ $\frac{1}{4}$

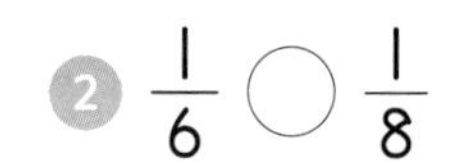

❷ $\frac{1}{6}$ ○ $\frac{1}{8}$

## 30초 개념

분모가 같은 대분수, 가분수의 크기를 비교할 수 있어요.

### 분모가 같은 가분수끼리의 크기 비교

➡ 분자가 큰 분수가 더 큽니다.

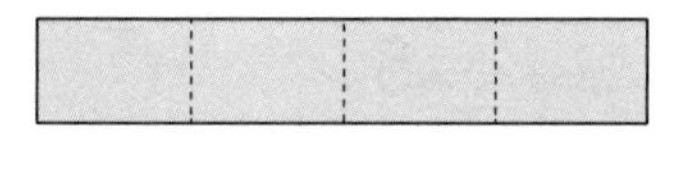
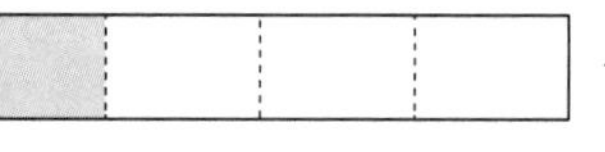

$\frac{5}{4}$

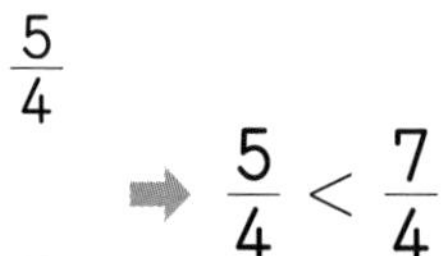
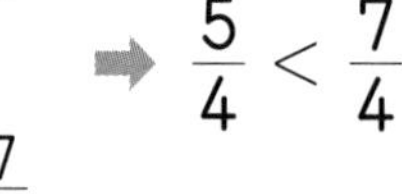

➡ $\frac{5}{4} < \frac{7}{4}$

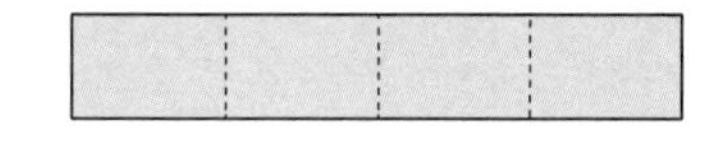
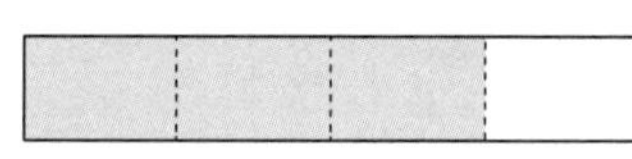

$\frac{7}{4}$

### 분모가 같은 대분수끼리의 크기 비교

➡ 자연수의 크기를 먼저 비교하고 자연수의 크기가 같으면 진분수의 크기를 비교합니다.

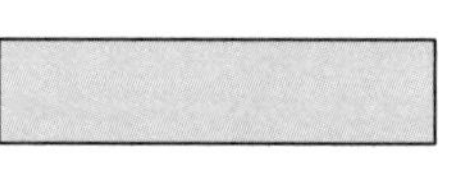
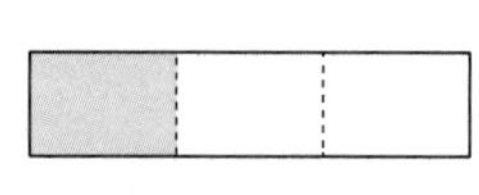

$2\frac{1}{3}$

➡ $2\frac{1}{3} > 1\frac{2}{3}$

$1\frac{2}{3}$

### 분모가 같은 가분수와 대분수의 크기 비교

➡ 가분수를 대분수로 나타내거나, 대분수를 가분수로 나타내어 크기를 비교합니다.

$1\frac{1}{4}$과 $\frac{7}{4}$의 크기 비교 ➡ $1\frac{1}{4} < 1\frac{3}{4}$ (가분수 → 대분수)

$1\frac{1}{4}$과 $\frac{7}{4}$의 크기 비교 ➡ $\frac{5}{4} < \frac{7}{4}$ (대분수 → 가분수)

월 일 ☆☆☆☆☆

두 분수의 크기를 비교하여 ○ 안에 >, =, <를 알맞게 써넣으세요.

❶ $\frac{5}{3}$ ○ $\frac{7}{3}$

❷ $\frac{4}{4}$ ○ $\frac{7}{4}$

❸ $\frac{12}{5}$ ○ $\frac{9}{5}$

❹ $\frac{13}{7}$ ○ $\frac{15}{7}$

❺ $\frac{19}{9}$ ○ $\frac{21}{9}$

❻ $\frac{14}{13}$ ○ $\frac{20}{13}$

❼ $2\frac{1}{3}$ ○ $1\frac{2}{3}$

❽ $3\frac{4}{5}$ ○ $4\frac{1}{5}$

❾ $3\frac{9}{10}$ ○ $5\frac{1}{10}$

❿ $6\frac{5}{12}$ ○ $1\frac{11}{12}$

⓫ $2\frac{4}{5}$ ○ $2\frac{1}{5}$

⓬ $4\frac{2}{7}$ ○ $4\frac{1}{7}$

⓭ $7\frac{3}{8}$ ○ $7\frac{5}{8}$

⓮ $10\frac{4}{15}$ ○ $10\frac{14}{15}$

두 분수의 크기를 비교하여 ○ 안에 >, =, <를 알맞게 써넣으세요.

1. $\frac{5}{3} \bigcirc 1\frac{2}{3}$

2. $1\frac{3}{4} \bigcirc \frac{9}{4}$

3. $1\frac{2}{5} \bigcirc \frac{8}{5}$

4. $\frac{11}{7} \bigcirc 1\frac{5}{7}$

5. $3\frac{2}{3} \bigcirc \frac{10}{3}$

6. $\frac{15}{6} \bigcirc 2\frac{5}{6}$

7. $1\frac{9}{10} \bigcirc \frac{19}{10}$

8. $\frac{16}{11} \bigcirc 1\frac{5}{11}$

9. $2\frac{5}{12} \bigcirc \frac{23}{12}$

10. $\frac{15}{7} \bigcirc 2\frac{3}{7}$

11. $\frac{40}{13} \bigcirc 3\frac{1}{13}$

12. $2\frac{4}{15} \bigcirc \frac{44}{15}$

**설명해 보세요**

$2\frac{6}{7}$과 $3\frac{1}{7}$의 크기를 비교하고 그 과정을 설명해 보세요.

가장 큰 분수와 가장 작은 분수를 찾아 쓰세요.

**1** $2\frac{4}{5}$ $\frac{16}{5}$ $2\frac{3}{5}$ $\frac{12}{5}$

가장 큰 분수 (　　　　　　　　)
가장 작은 분수 (　　　　　　　　)

**2** $\frac{29}{3}$ $8\frac{2}{3}$ $\frac{22}{3}$ $8\frac{1}{3}$

가장 큰 분수 (　　　　　　　　)
가장 작은 분수 (　　　　　　　　)

**3** $1\frac{12}{33}$ $\frac{44}{33}$ $1\frac{31}{33}$ $\frac{65}{33}$

가장 큰 분수 (　　　　　　　　)
가장 작은 분수 (　　　　　　　　)

**4** $\frac{90}{7}$ $12\frac{3}{7}$ $\frac{86}{7}$ $12\frac{5}{7}$

가장 큰 분수 (　　　　　　　　)
가장 작은 분수 (　　　　　　　　)

## 도전해 보세요

**1** □ 안에 들어갈 수 있는 자연수 중에서 가장 작은 수를 찾아 쓰세요.

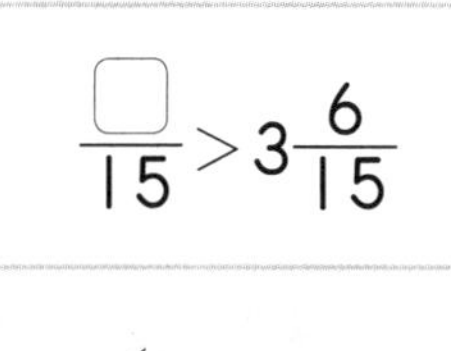

$\frac{\square}{15} > 3\frac{6}{15}$

(　　　　　　　　)

**2** 하늘이의 몸무게는 $30\frac{4}{5}$ kg이고, 바다의 몸무게는 $\frac{156}{5}$ kg입니다. 누가 더 가벼울까요?

(　　　　　　　　)

# 2장 분모가 같은 분수의 덧셈과 뺄셈

## 무엇을 배우나요?

- 분모가 같은 분수의 덧셈 원리를 이해하고 계산할 수 있어요.
- 분모가 같은 두 진분수의 뺄셈, 1과 진분수의 뺄셈 원리를 이해하고 계산할 수 있어요.
- 분모가 같은 두 분수의 뺄셈 원리를 이해하고 계산할 수 있어요.
- (자연수)−(분수)의 계산 원리를 이해하고 계산할 수 있어요.
- 받아내림이 있는 분모가 같은 두 분수의 뺄셈 원리를 이해하고 계산할 수 있어요.

**3-1-6**
**분수와 소수**
똑같이 나누기
분수 알기
분모가 같은 분수의 크기 비교
단위분수의 크기 비교

**3-2-4**
**분수**
분수로 나타내기
분수만큼은 얼마인지 알기
여러 가지 분수 알기
분모가 같은 분수의 크기 비교하기

→

**4-2-1**
**분수**
분모가 같은 분수의 덧셈
분모가 같은 분수의 뺄셈
1-(진분수)
(자연수)-(대분수)

→

**5-1-4**
**약분과 통분**
크기가 같은 분수 알기
분수를 간단하게 나타내기 (약분)
통분 알기
분수의 크기 비교

**5-1-5**
**분수의 덧셈과 뺄셈**
분모가 다른 분수의 덧셈
분모가 다른 분수의 뺄셈

| 2장<br>분모가 같은 분수의 덧셈과 뺄셈 | 초등 3학년 (30일 진도) | 초등 4학년 (25일 진도) | 초등 5학년 (18일 진도) |
|---|---|---|---|
| | 하루 한 단계씩 공부 | 하루 한 단계씩 공부 | 하루 세 단계씩 공부 |

권장 진도표에 맞춰 공부하고, 공부한 단계에 해당하는 조각에 색칠하세요.

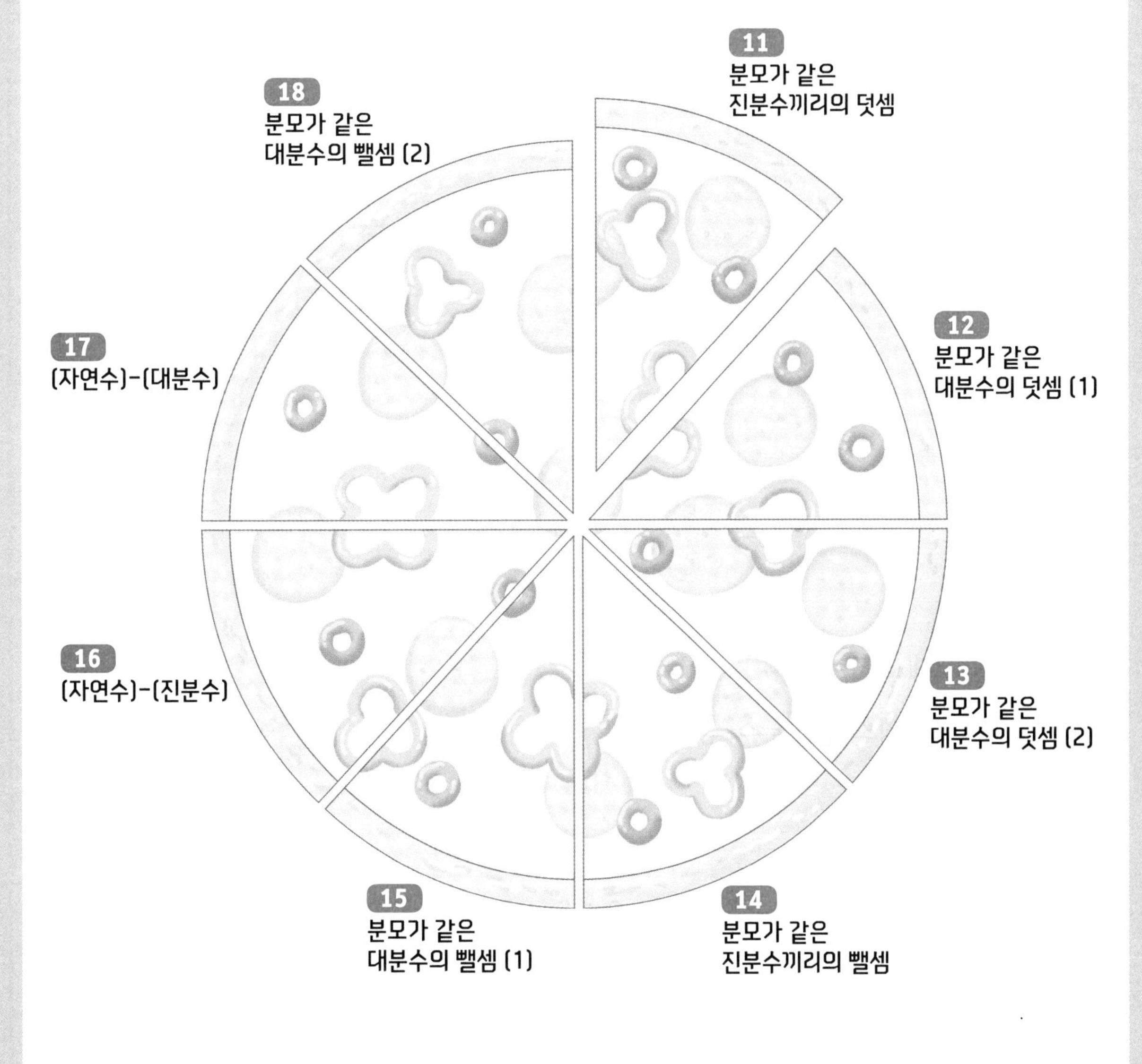

# 11 분모가 같은 진분수끼리의 덧셈

- 3-2-4
  분수
  (여러 가지 분수)
- 4-2-1
  분수의 덧셈과 뺄셈
  (분모가 같은 진분수끼리의 덧셈)
- 4-2-1
  분수의 덧셈과 뺄셈
  (분모가 같은 대분수의 덧셈 (1))

## ?! 기억해 볼까요?

□ 안에 알맞은 수를 써넣으세요.

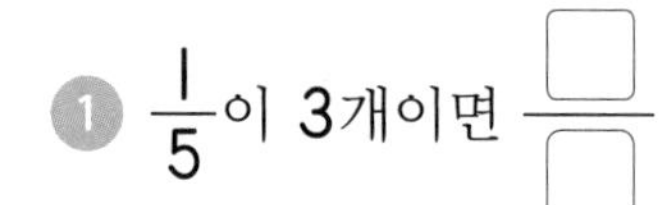


② $\frac{4}{7}$는 $\frac{1}{7}$이 □개

## 30초 개념

분모가 같은 진분수의 덧셈은 분모는 그대로 쓰고 분자끼리 더해요.

◎ $\frac{1}{5}+\frac{2}{5}$의 계산

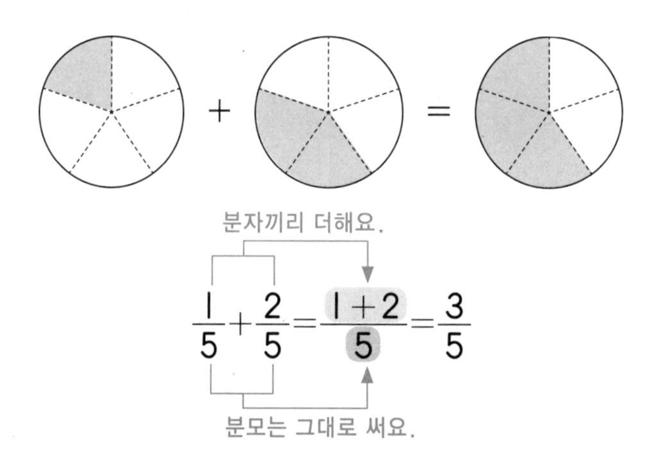


• 분모를 그대로 쓰는 이유

$\frac{1}{5}$과 $\frac{2}{5}$는 각각 단위분수 $\frac{1}{5}$이 1개, 2개이므로 $\frac{1}{5}+\frac{2}{5}$는 $\frac{1}{5}$이 3개인 $\frac{3}{5}$이 되기 때문입니다.

계산 결과가 가분수이면 대분수로 나타내자!

$\frac{2}{4}+\frac{3}{4}=\frac{2+3}{4}=\frac{5}{4}=1\frac{1}{4}$

가분수 → 대분수

두 분수의 합만큼 그림에 색칠하고 □ 안에 알맞은 수를 써넣으세요.

1 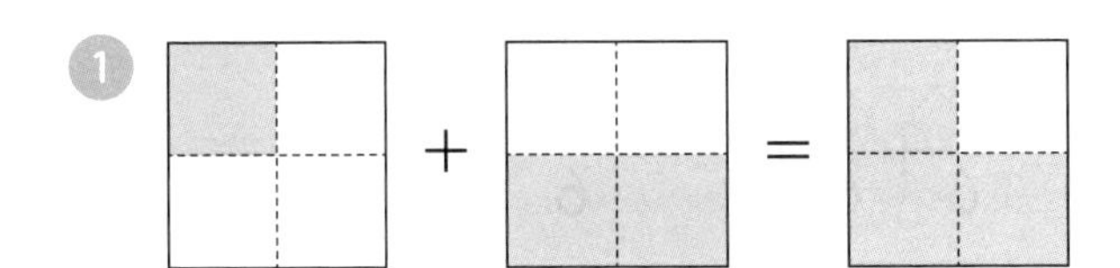

$\frac{1}{4}+\frac{2}{4}=\frac{\square+\square}{4}=\frac{\square}{4}$

2

$\frac{2}{5}+\frac{1}{5}=\frac{\square+\square}{5}=\frac{\square}{5}$

3

$\frac{6}{9}+\frac{5}{9}=\frac{\square+\square}{9}=\frac{\square}{9}=\square\frac{\square}{9}$

가분수 → 대분수

그림을 보고 □ 안에 알맞은 수를 써넣으세요.

4

$\frac{1}{3}+\frac{\square}{\square}=\frac{\square+\square}{\square}=\square$

5

$\frac{3}{6}+\frac{\square}{\square}=\frac{\square+\square}{\square}=\square$

6

$\frac{2}{\square}+\frac{\square}{\square}=\frac{\square+\square}{\square}=\frac{\square}{4}=\square\frac{\square}{4}$

가분수 → 대분수

분수의 덧셈을 하세요.

1. $\frac{1}{4}+\frac{2}{4}=\frac{\square+\square}{4}=\frac{\square}{4}$

2. $\frac{2}{6}+\frac{3}{6}=\frac{\square+\square}{6}=\frac{\square}{6}$

3. $\frac{1}{7}+\frac{3}{7}=$

4. $\frac{3}{9}+\frac{5}{9}=$

5. $\frac{4}{12}+\frac{7}{12}=$

6. $\frac{6}{15}+\frac{5}{15}=$

7. $\frac{3}{5}+\frac{4}{5}=\frac{\square}{5}=\square\frac{\square}{5}$

   가분수 → 대분수

8. $\frac{4}{7}+\frac{6}{7}=\frac{\square}{7}=\square\frac{\square}{7}$

9. $\frac{4}{8}+\frac{7}{8}=$

10. $\frac{3}{9}+\frac{8}{9}=$

11. $\frac{3}{10}+\frac{7}{10}=$

12. $\frac{11}{15}+\frac{11}{15}=$

$\frac{1}{4}+\frac{2}{4}$의 결과가 $\frac{3}{8}$이 아닌 이유를 설명해 보세요.

수직선을 보고 □ 안에 알맞은 수를 써넣으세요.

①

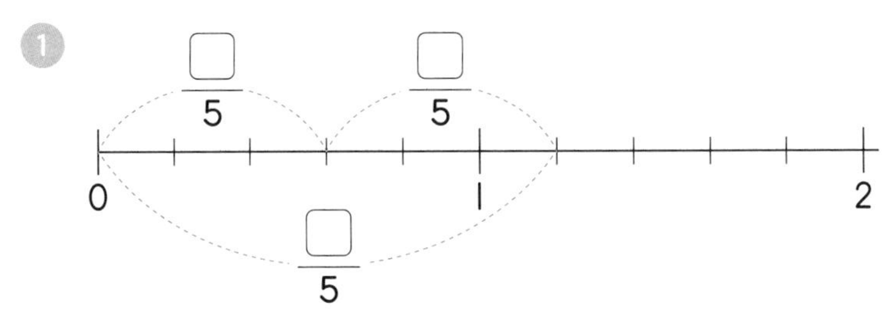


$\frac{\square}{5}+\frac{\square}{5}=\frac{\square}{5}=\square\frac{\square}{5}$

②

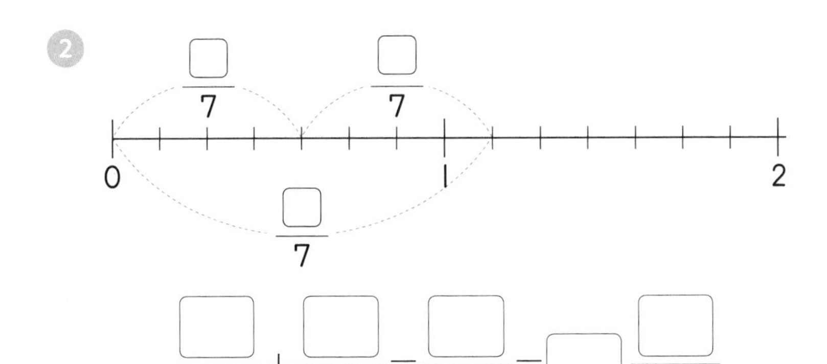


$\frac{\square}{7}+\frac{\square}{7}=\frac{\square}{7}=\square\frac{\square}{7}$

## 도전해 보세요

① 주어진 악보에서 한 마디는 몇 박자일까요?

- 음표 ♩는 $\frac{1}{4}$박자를 나타냅니다.
- 음표 ♪ 2개의 길이는 ♩의 길이와 같습니다.

( )

② 수 카드 3장을 골라 식을 완성하세요.

| 3 | 4 | 5 | 8 | 9 |
|---|---|---|---|---|

$\frac{\square}{9}+\frac{\square}{\square}=1\frac{4}{9}$

# 12 분모가 같은 대분수의 덧셈 (1)

4-2-1
분수의 덧셈과 뺄셈
(분모가 같은 진분수끼리의 덧셈)

4-2-1
분수의 덧셈과 뺄셈
(분모가 같은 대분수의 덧셈 (1))

4-2-1
분수의 덧셈과 뺄셈
(분모가 같은 대분수의 덧셈 (2))

## 기억해 볼까요?

분수의 덧셈을 하세요.

❶ $\frac{3}{5}+\frac{4}{5}=$

❷ $\frac{5}{11}+\frac{9}{11}=$

## 30초 개념

분모가 같은 대분수의 덧셈은 2가지 방법으로 계산할 수 있어요.

$1\frac{2}{5}+2\frac{1}{5}$의 계산

방법1 자연수는 자연수끼리, 분수는 분수끼리 더해요.

자연수끼리 더해요.

$$1\frac{2}{5}+2\frac{1}{5}=(1+2)+\left(\frac{2}{5}+\frac{1}{5}\right)=3+\frac{3}{5}=3\frac{3}{5}$$

분수끼리 더해요.

방법2 대분수를 가분수로 바꾸어 분자끼리 더해요.

$$1\frac{2}{5}+2\frac{1}{5}=\frac{7}{5}+\frac{11}{5}=\frac{18}{5}=3\frac{3}{5}$$

대분수 → 가분수

분수끼리의 계산 결과가 가분수이면 대분수로 바꾸어 자연수와 더해요.

$$1\frac{4}{5}+2\frac{3}{5}=(1+2)+\left(\frac{4}{5}+\frac{3}{5}\right)=3+\frac{7}{5}=3+1\frac{2}{5}=4\frac{2}{5}$$

가분수 → 대분수

두 분수의 합만큼 그림에 색칠하고 □ 안에 알맞은 수를 써넣으세요.

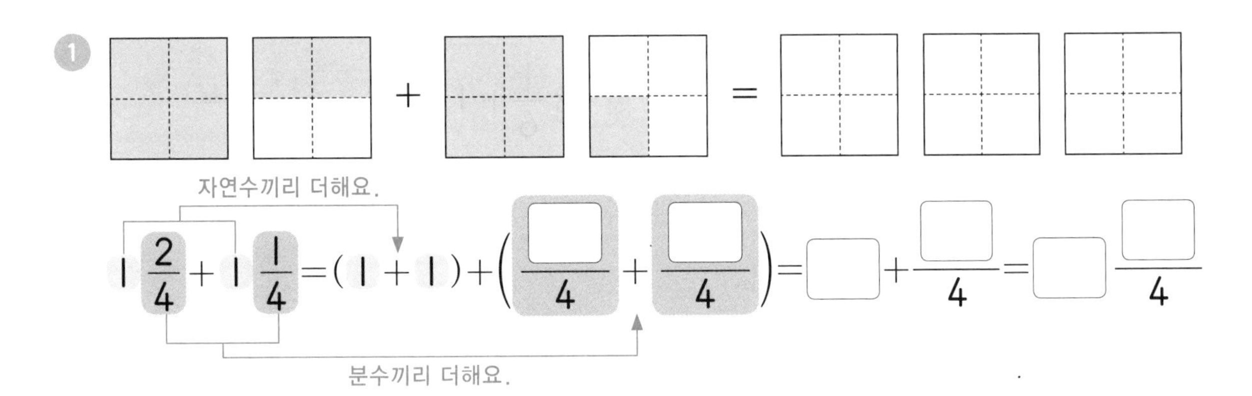


1. $1\frac{2}{4}+1\frac{1}{4}=(1+1)+\left(\frac{\square}{4}+\frac{\square}{4}\right)=\square+\frac{\square}{4}=\square\frac{\square}{4}$

2. $1\frac{3}{5}+1\frac{1}{5}=(\square+\square)+\left(\frac{\square}{5}+\frac{\square}{5}\right)=\square+\frac{\square}{5}=\square\frac{\square}{5}$

대분수를 가분수로 바꾸어 계산하세요.

3. $2\frac{2}{5}+1\frac{4}{5}=\frac{\square}{5}+\frac{\square}{5}=\frac{\square}{5}=\square\frac{\square}{5}$

대분수 → 가분수

4. $1\frac{1}{7}+2\frac{2}{7}=\frac{\square}{\square}+\frac{\square}{\square}=\frac{\square}{\square}=\square\frac{\square}{7}$

5. $2\frac{3}{8}+1\frac{1}{8}=\frac{\square}{\square}+\frac{\square}{\square}=\frac{\square}{\square}=\square\frac{\square}{8}$

## 개념 다지기

자연수 부분과 분수 부분으로 나누어 계산하세요.

① $1\frac{1}{5}+2\frac{3}{5}$

$=(1+2)+\left(\frac{\square}{5}+\frac{\square}{5}\right)$

$=\square+\frac{\square}{5}$

$=\square\frac{\square}{5}$

② $3\frac{1}{6}+1\frac{4}{6}=\square\frac{\square}{6}$

③ $2\frac{2}{4}+3\frac{1}{4}=\square\frac{\square}{4}$

④ $1\frac{3}{7}+4\frac{2}{7}=\square\frac{\square}{7}$

⑤ $2\frac{3}{6}+3\frac{2}{6}=$

⑥ $3\frac{2}{11}+1\frac{3}{11}=$

⑦ $1\frac{5}{8}+3\frac{4}{8}=4\frac{\square}{8}$ 대분수로 나타내요.

$=4+\square\frac{\square}{8}$

$=\square\frac{\square}{8}$

⑧ $2\frac{6}{9}+1\frac{5}{9}=3\frac{\square}{9}$

$=3+\square\frac{\square}{9}$

$=\square\frac{\square}{9}$

⑨ $4\frac{9}{13}+2\frac{7}{13}=$

⑩ $3\frac{10}{15}+5\frac{7}{15}=$

대분수를 가분수로 바꾸어 계산하세요.

① $2\frac{3}{5}+2\frac{4}{5}=\frac{\square}{5}+\frac{\square}{5}$
$=\frac{\square}{5}=\square\frac{\square}{5}$

② $3\frac{2}{7}+1\frac{6}{7}=\frac{\square}{7}+\frac{\square}{7}$
$=\frac{\square}{\square}=\square$

③ $1\frac{5}{9}+3\frac{1}{9}=$

④ $1\frac{4}{11}+1\frac{7}{11}=$

더한 결과에서 분모가 분자로
나누어떨어지면 답은 자연수예요.

⑤ $3\frac{6}{14}+1\frac{3}{14}=$

⑥ $2\frac{6}{12}+2\frac{7}{12}=$

⑦ $4\frac{8}{13}+1\frac{4}{13}=$

⑧ $3\frac{5}{10}+2\frac{9}{10}=$

⑨ $2\frac{10}{14}+4\frac{5}{14}=$

⑩ $3\frac{9}{15}+3\frac{8}{15}=$

## 개념 다지기

분수의 덧셈을 하세요.

1. $2\frac{4}{6}+2\frac{1}{6}=$

2. $1\frac{7}{8}+4\frac{4}{8}=$

3. $2\frac{5}{9}+3\frac{8}{9}=$

4. $1\frac{5}{11}+1\frac{7}{11}=$

5. $2\frac{9}{10}+4\frac{8}{10}=$

6. $4\frac{9}{12}+3\frac{10}{12}=$

7. $4\frac{8}{14}+1\frac{5}{14}=$

8. $3\frac{12}{16}+2\frac{3}{16}=$

9. $2\frac{9}{15}+4\frac{14}{15}=$

10. $3\frac{6}{18}+3\frac{13}{18}=$

11. $3\frac{11}{17}+4\frac{5}{17}=$

12. $5\frac{15}{20}+4\frac{5}{20}=$

### 설명해 보세요

$2\frac{2}{5}+3\frac{4}{5}$를 여러 가지 방법으로 계산하고 그 과정을 설명해 보세요.

수직선을 보고 물음에 답하세요.

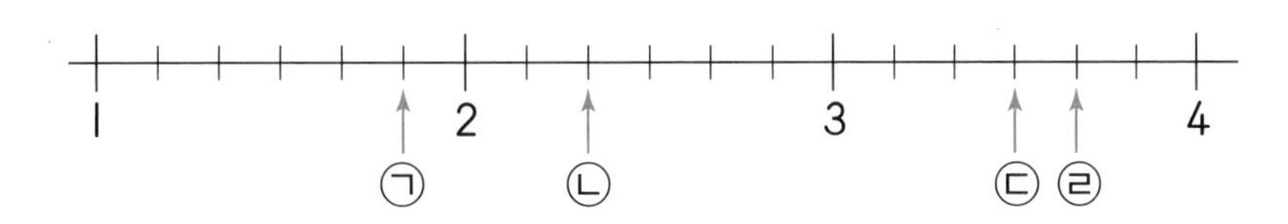


1 수직선에서 ㉠과 ㉡이 나타내는 분수의 합을 구하세요.

(　　　　　　　　)

2 수직선에서 ㉢과 ㉣이 나타내는 분수의 합을 구하세요.

(　　　　　　　　)

3 수직선에서 ㉡과 ㉣이 나타내는 분수의 합을 구하세요.

(　　　　　　　　)

## 도전해 보세요

1 직사각형의 가로는 세로보다 $\frac{3}{5}$ cm 더 깁니다. 가로와 세로의 길이의 합은 몇 cm일까요?

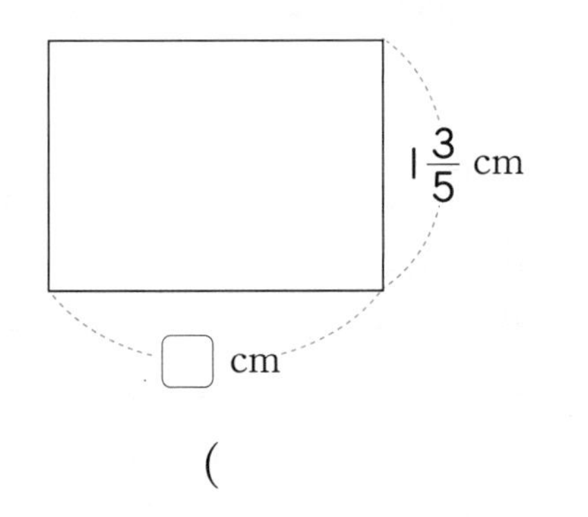


(　　　　　　　　)

2 다음 조건을 만족하는 대분수들의 합을 구하세요.

- 분모가 3입니다.
- 1보다 크고 2보다 작습니다.

(　　　　　　　　)

# 13 분모가 같은 대분수의 덧셈 (2)

4-2-1
분수의 덧셈과 뺄셈
(분모가 같은 대분수의 덧셈 (1))

4-2-1
분수의 덧셈과 뺄셈
(분모가 같은 대분수의 덧셈 (2))

4-2-1
분수의 덧셈과 뺄셈
(분모가 같은 대분수의 뺄셈 (1))

## 기억해 볼까요?

분수의 덧셈을 하세요.

① $1\frac{2}{5}+2\frac{4}{5}=$

② $2\frac{3}{11}+3\frac{3}{11}=$

## 30초 개념

대분수와 진분수, 대분수와 가분수의 덧셈은 대분수의 자연수는 그대로 두고 분수끼리 더해요.

**(대분수)+(진분수)의 계산**

자연수는 그대로 두고, 분수끼리 더해요.

자연수는 그대로 / 가분수 → 대분수

$$1\frac{2}{4}+\frac{3}{4}=1+\frac{5}{4}=1+1\frac{1}{4}=2\frac{1}{4}$$

분수끼리 더해요.

**(대분수)+(가분수)의 계산**

방법1 자연수는 그대로 두고, 분수끼리 더해요.

자연수는 그대로 / 가분수 → 대분수

$$1\frac{2}{4}+\frac{5}{4}=1+\frac{7}{4}=1+1\frac{3}{4}=2\frac{3}{4}$$

분수끼리 더해요.

방법2 가분수를 대분수로 바꾸고 자연수 부분과 분수 부분으로 나누어 더해요.

$$1\frac{2}{4}+\frac{5}{4}=1\frac{2}{4}+1\frac{1}{4}=2\frac{3}{4}$$

가분수 → 대분수

두 분수의 합만큼 그림에 색칠하고, □ 안에 알맞은 수를 써넣으세요.

1

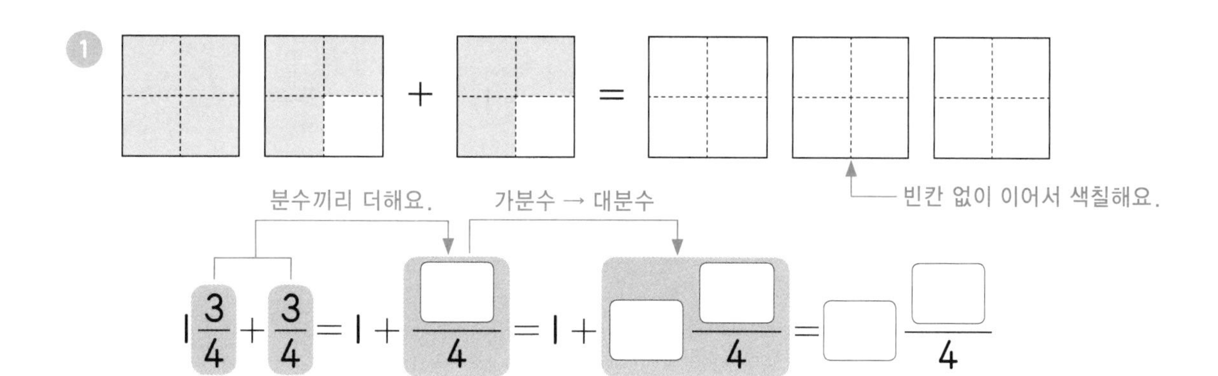


분수끼리 더해요. 가분수 → 대분수

$1\frac{3}{4}+\frac{3}{4}=1+\frac{\square}{4}=1+\square\frac{\square}{4}=\square\frac{\square}{4}$

2

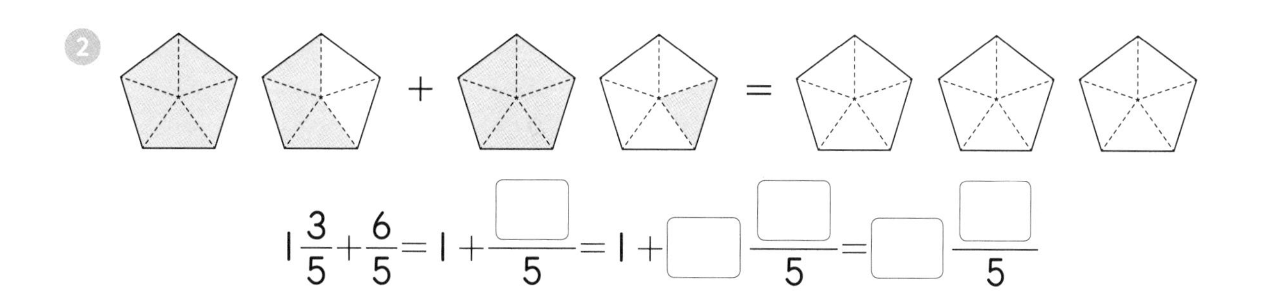

$1\frac{3}{5}+\frac{6}{5}=1+\frac{\square}{5}=1+\square\frac{\square}{5}=\square\frac{\square}{5}$

가분수를 대분수로 바꾸어 계산하세요.

가분수 → 대분수

3 $1\frac{1}{3}+\frac{4}{3}=1\frac{1}{3}+\square\frac{\square}{3}=\square\frac{\square}{3}$

4 $1\frac{1}{5}+\frac{8}{5}=1\frac{1}{5}+\square\frac{\square}{5}=\square\frac{\square}{5}$

5 $2\frac{2}{7}+\frac{11}{7}=2\frac{2}{7}+\square\frac{\square}{7}=\square\frac{\square}{7}$

자연수는 그대로 쓰고 분수끼리 더하여 계산하세요.

분수끼리 더해요.

① $1\frac{1}{3}+\frac{1}{3}=\square\frac{\square}{3}$

자연수는 그대로

② $2\frac{1}{6}+1\frac{10}{6}=\square\frac{\square}{6}$
$=\square\frac{\square}{6}$

③ $2\frac{2}{7}+\frac{15}{7}=$

④ $3\frac{3}{9}+\frac{17}{9}=$

⑤ $3\frac{6}{11}+\frac{15}{11}=$

⑥ $4\frac{9}{13}+\frac{16}{13}=$

가분수를 대분수로 바꾸어 계산하세요.

가분수 → 대분수

⑦ $1\frac{4}{8}+\frac{11}{8}=1\frac{4}{8}+\square\frac{\square}{8}$
$=\square\frac{\square}{8}$

⑧ $4\frac{2}{10}+\frac{17}{10}=$

⑨ $3\frac{5}{14}+\frac{20}{14}=$

⑩ $5\frac{8}{20}+\frac{43}{20}=$

설명해 보세요

$2\frac{2}{3}+\frac{5}{3}$를 여러 가지 방법으로 계산하고 그 과정을 설명해 보세요.

## 개념 키우기

수직선을 보고 □ 안에 알맞은 수를 써넣으세요.

1

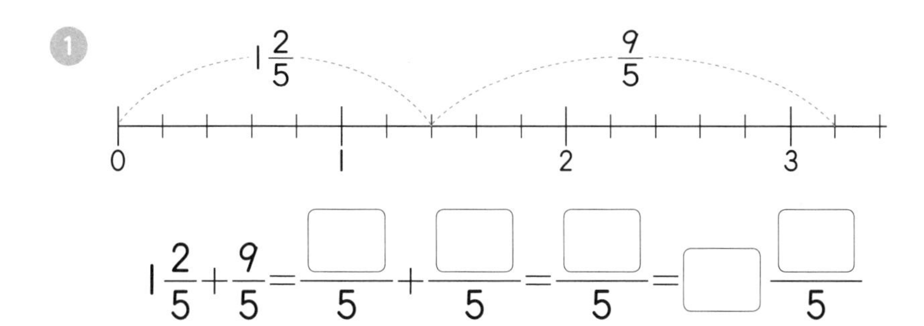


$1\frac{2}{5}+\frac{9}{5}=\frac{\square}{5}+\frac{\square}{5}=\frac{\square}{5}=\square\frac{\square}{5}$

2

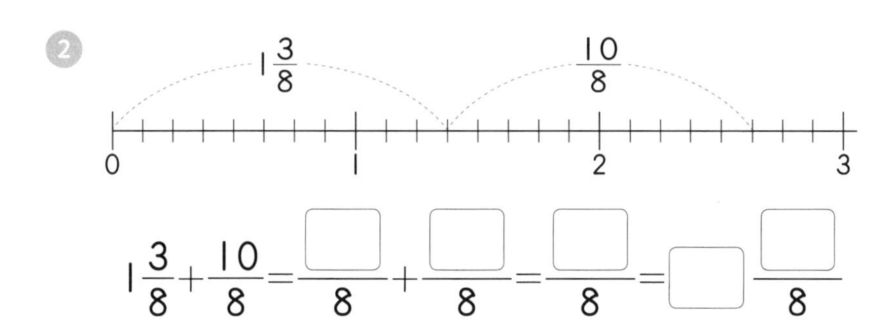


$1\frac{3}{8}+\frac{10}{8}=\frac{\square}{8}+\frac{\square}{8}=\frac{\square}{8}=\square\frac{\square}{8}$

## 도전해 보세요

1 서준이는 집에서 오후 $1\frac{4}{6}$시에 출발하여 $\frac{7}{6}$시간 후 박물관에 도착하였습니다. 도착한 시각은 몇 시 몇 분일까요?

( )

2 분수 2개를 선택하여 합이 가장 큰 덧셈식을 만들고 계산하세요.

$1\frac{4}{13}$ $\frac{28}{13}$ $3\frac{1}{13}$ $\frac{19}{13}$ $3\frac{4}{13}$

식 ______________________

답 ______________________

# 14 분모가 같은 진분수끼리의 뺄셈

- 4-2-1 분수의 덧셈과 뺄셈 (분모가 같은 진분수끼리의 덧셈)
- 4-2-1 분수의 덧셈과 뺄셈 (분모가 같은 진분수끼리의 뺄셈)
- 4-2-1 분수의 덧셈과 뺄셈 (분모가 같은 대분수의 뺄셈 (1))

## 기억해 볼까요?

분수의 덧셈을 하세요.

① $\frac{2}{7}+\frac{4}{7}=$

② $\frac{9}{11}+\frac{8}{11}=$

## 30초 개념

분모가 같은 진분수의 뺄셈은 분모는 그대로 두고 분자끼리 빼요.

$\frac{3}{5}-\frac{1}{5}$의 계산



$$\frac{3}{5}-\frac{1}{5}=\frac{3-1}{5}=\frac{2}{5}$$

월 일 ☆☆☆☆☆

빼는 수만큼 그림에 ×표 하고, □ 안에 알맞은 수를 써넣으세요.

1

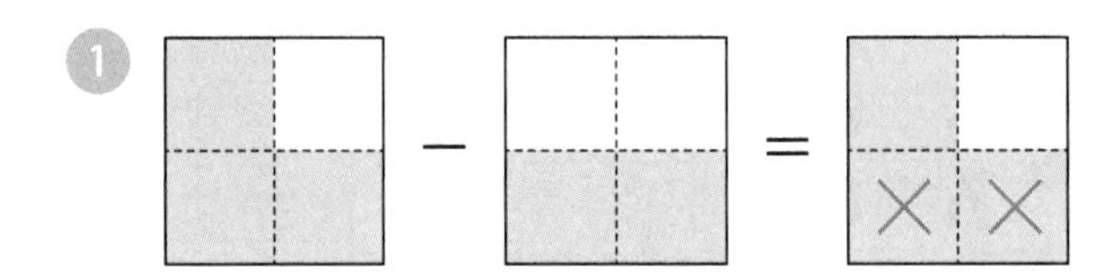

$\frac{3}{4}-\frac{2}{4}=\frac{\square-\square}{4}=\frac{\square}{4}$

2

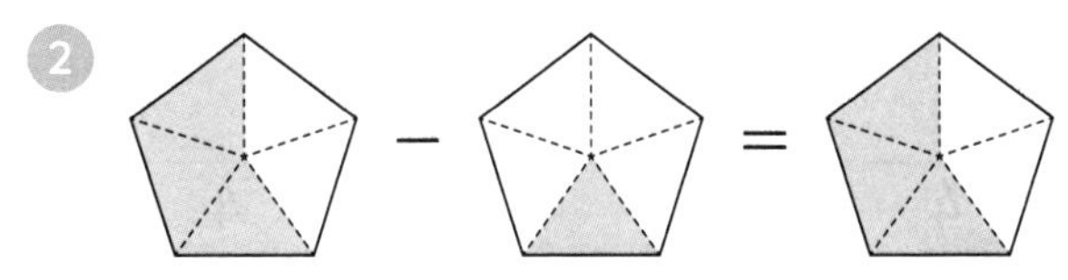

$\frac{3}{5}-\frac{1}{5}=\frac{\square-\square}{5}=\frac{\square}{5}$

3

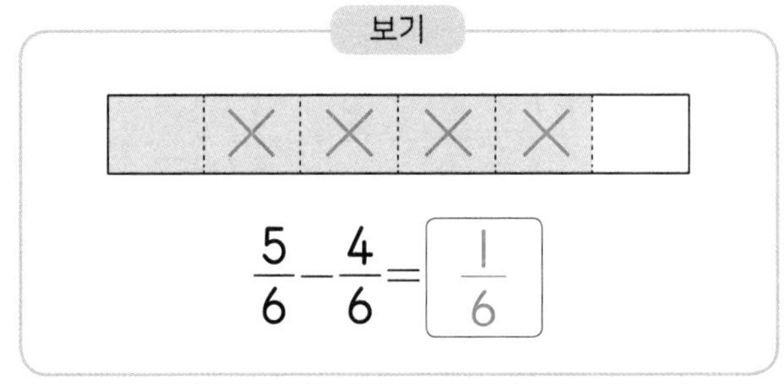

$\frac{7}{9}-\frac{2}{9}=\frac{\square-\square}{9}=\frac{\square}{9}$

4

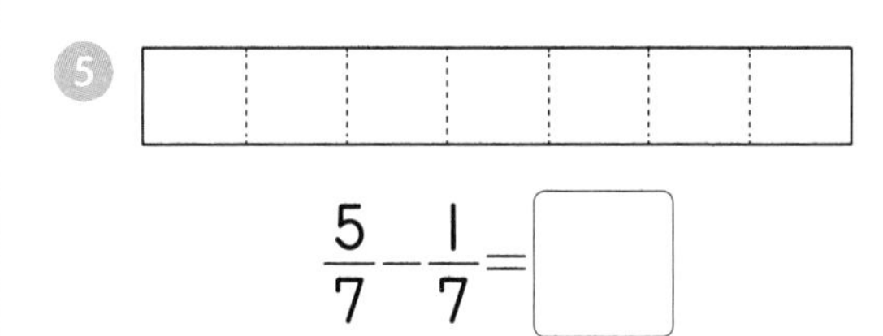

$\frac{2}{3}-\frac{1}{3}=\frac{\square-\square}{\square}=\square$

보기 와 같이 그림으로 나타내어 분수의 뺄셈을 하세요.

보기

$\frac{5}{6}-\frac{4}{6}=\frac{1}{6}$

5

$\frac{5}{7}-\frac{1}{7}=\square$

6

$\frac{7}{8}-\frac{4}{8}=\square$

7

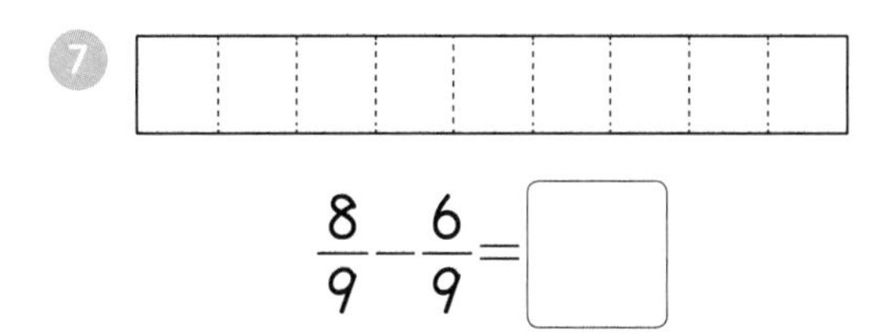

$\frac{8}{9}-\frac{6}{9}=\square$

분수의 뺄셈을 하세요.

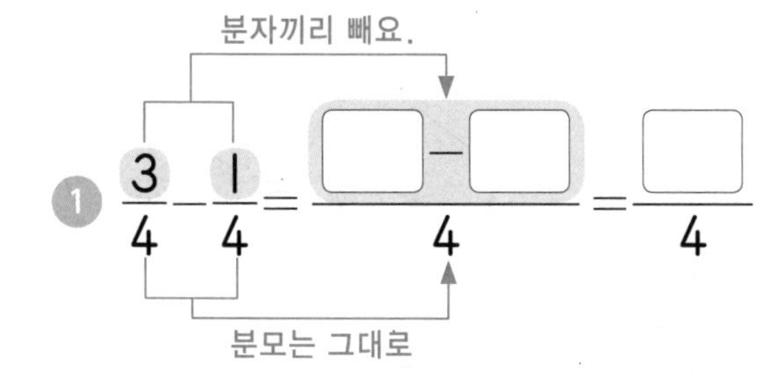


2 $\frac{5}{6}-\frac{4}{6}=\frac{\square-\square}{\square}=\square$

3 $\frac{5}{7}-\frac{3}{7}=$

4 $\frac{8}{9}-\frac{4}{9}=$

5 $\frac{10}{11}-\frac{3}{11}=$

6 $\frac{9}{12}-\frac{4}{12}=$

7 $\frac{11}{13}-\frac{5}{13}=$

8 $\frac{12}{14}-\frac{9}{14}=$

9 $\frac{12}{15}-\frac{4}{15}=$

10 $\frac{15}{17}-\frac{6}{17}=$

11 $\frac{14}{19}-\frac{8}{19}=$

12 $\frac{18}{22}-\frac{11}{22}=$

## 설명해 보세요

$\frac{5}{7}-\frac{3}{7}=\frac{2}{7}$ 와 같이 분수의 뺄셈에서 왜 분모는 그대로 두고 분자끼리 빼는지 설명해 보세요.

## 개념 키우기

수직선을 보고 □ 안에 알맞은 수를 써넣으세요.

❶

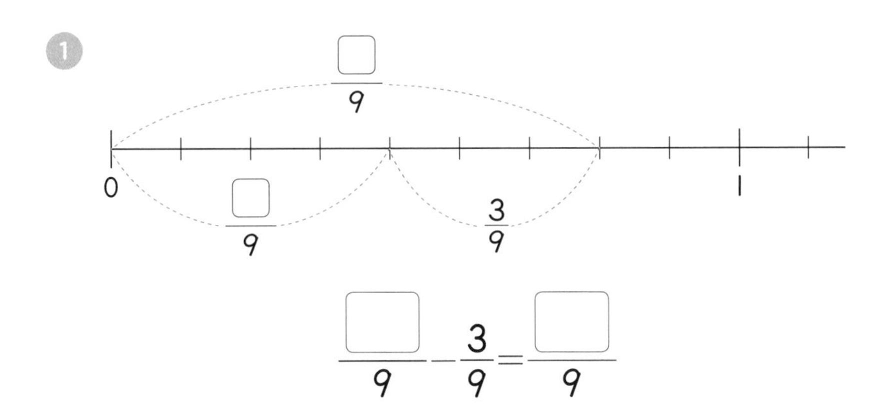


$$\frac{\square}{9}-\frac{3}{9}=\frac{\square}{9}$$

❷

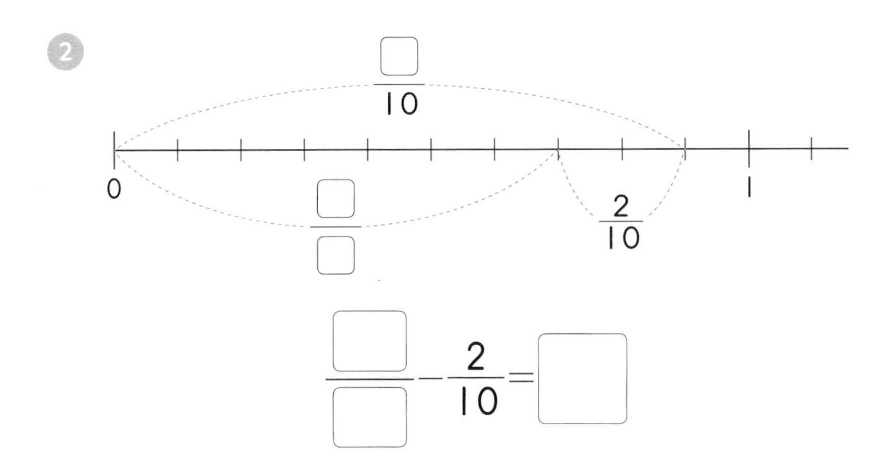


$$\frac{\square}{\square}-\frac{2}{10}=\square$$

## 도전해 보세요

❶ 가장 큰 수와 가장 작은 수의 차를 구하세요.

$\frac{5}{19}$ $\frac{11}{19}$ $\frac{16}{19}$ $\frac{7}{19}$ $\frac{9}{19}$

(　　　　　　　　　)

❷ 다음과 같이 약속한 방법대로 계산하세요.

가★나=가−나−나

$\frac{7}{9}★\frac{2}{9}=$

# 15 분모가 같은 대분수의 뺄셈 (1)

- 4-2-1 분수의 덧셈과 뺄셈 (분모가 같은 진분수끼리의 뺄셈)
- 4-2-1 분수의 덧셈과 뺄셈 (분모가 같은 대분수의 뺄셈 (1))
- 4-2-1 분수의 덧셈과 뺄셈 (분모가 같은 대분수의 뺄셈 (2))

## ?! 기억해 볼까요?

분수의 뺄셈을 하세요.

① $\frac{10}{11}-\frac{2}{11}=$

② $\frac{12}{15}-\frac{4}{15}=$

## 30초 개념

분모가 같은 대분수의 뺄셈은 2가지 방법으로 계산할 수 있어요.

$2\frac{3}{5}-1\frac{1}{5}$의 계산

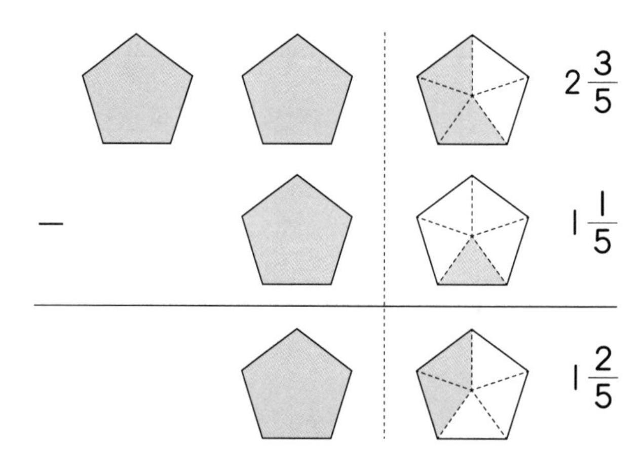


**방법1** 자연수는 자연수끼리, 분수는 분수끼리 뺀 결과를 더해요.

$$2\frac{3}{5}-1\frac{1}{5}=(2-1)+\left(\frac{3}{5}-\frac{1}{5}\right)=1+\frac{2}{5}=1\frac{2}{5}$$

자연수끼리 빼요. 분수끼리 빼요. 뺀 결과를 더해요.

**방법2** 대분수를 가분수로 바꾸어 빼요.

$$2\frac{3}{5}-1\frac{1}{5}=\frac{13}{5}-\frac{6}{5}=\frac{7}{5}=1\frac{2}{5}$$

대분수 → 가분수

빼는 수만큼 그림에 ×표 하고, □ 안에 알맞은 수를 써넣으세요.

1

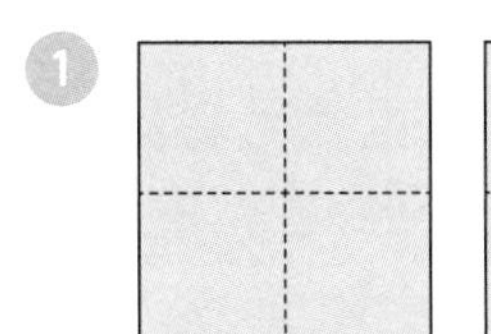 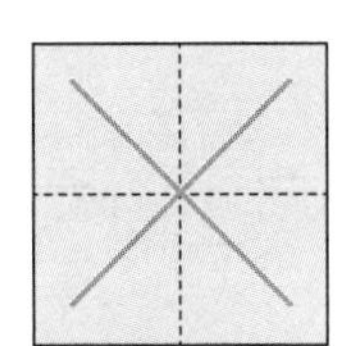 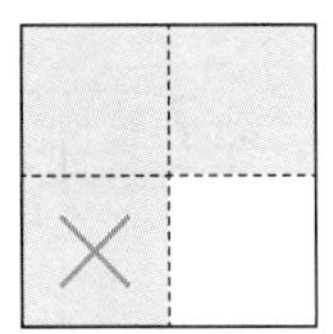

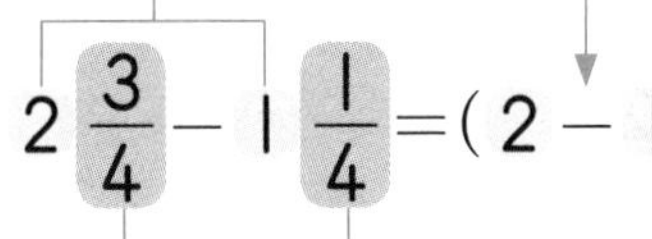


$2\frac{3}{4}-1\frac{1}{4}=(2-1)+\left(\frac{\square}{4}-\frac{\square}{4}\right)=\square+\frac{\square}{4}=\square\frac{\square}{4}$

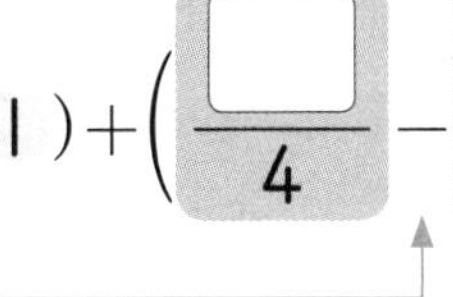 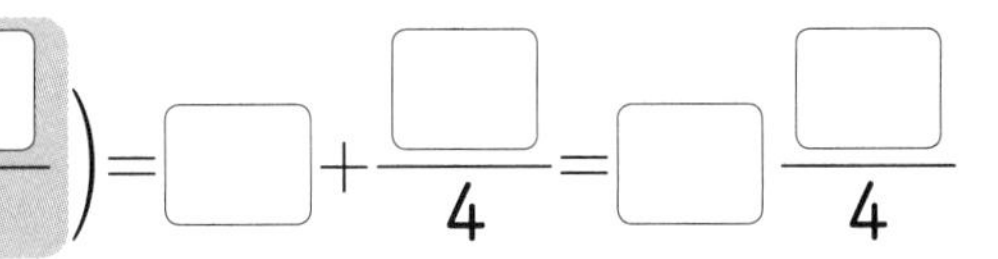

분수끼리 빼요.

2

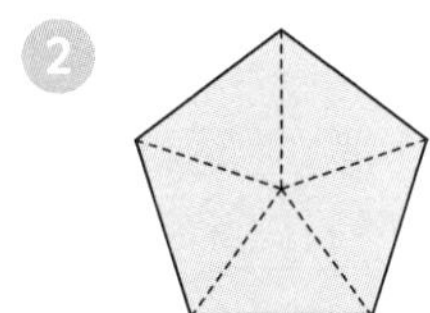 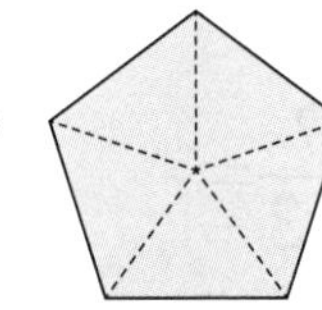 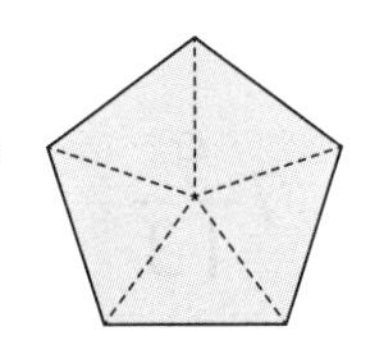 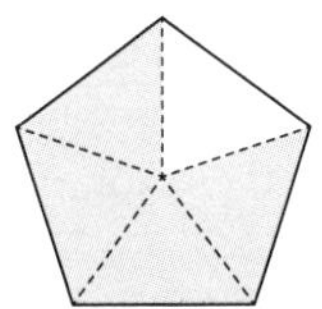

$3\frac{4}{5}-1\frac{2}{5}=(\square-\square)+\left(\frac{\square}{5}-\frac{\square}{5}\right)=\square+\frac{\square}{5}=\square\frac{\square}{5}$

대분수를 가분수로 바꾸어 계산하세요.

3 $4\frac{5}{6}-3\frac{4}{6}=\frac{\square}{6}-\frac{\square}{6}=\frac{\square}{6}=\square\frac{\square}{6}$

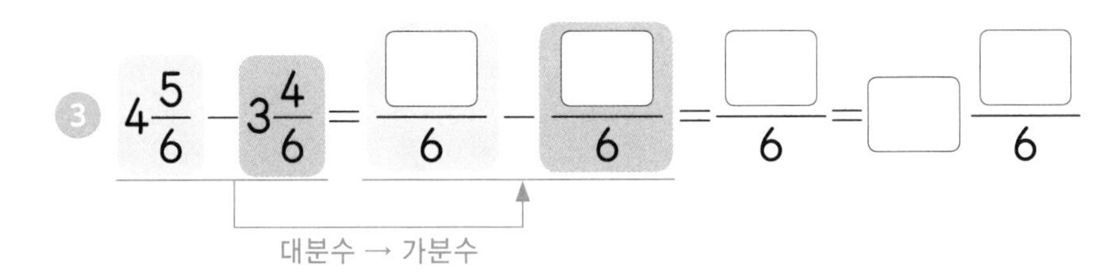

대분수 → 가분수

4 $5\frac{3}{7}-2\frac{1}{7}=\frac{\square}{\square}-\frac{\square}{\square}=\frac{\square}{\square}=\square\frac{\square}{7}$

5 $6\frac{7}{8}-3\frac{4}{8}=\frac{\square}{\square}-\frac{\square}{\square}=\frac{\square}{\square}=\square\frac{\square}{8}$

자연수 부분과 분수 부분으로 나누어 계산하세요.

① $3\frac{4}{7}-1\frac{1}{7}=\square\frac{\square}{7}$

② $3\frac{7}{9}-1\frac{3}{9}=\square\frac{\square}{9}$

③ $7\frac{8}{10}-3\frac{5}{10}=$

④ $5\frac{8}{11}-2\frac{2}{11}=$

⑤ $8\frac{11}{12}-4\frac{6}{12}=$

⑥ $7\frac{9}{13}-6\frac{9}{13}=$

분수 부분끼리 빼어 0이면 답은 자연수예요.

대분수를 가분수로 바꾸어 계산하세요.

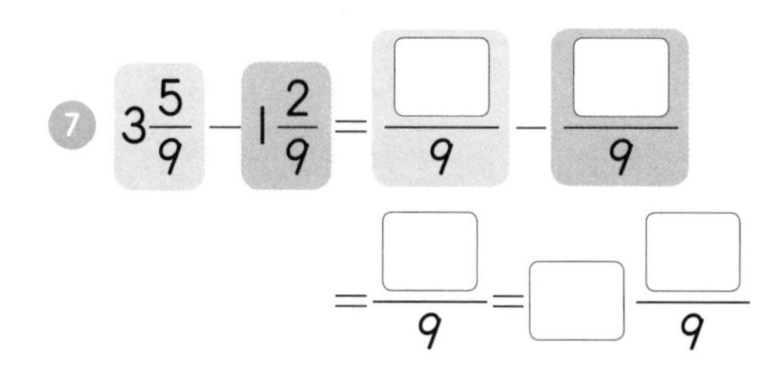

⑦ $3\frac{5}{9}-1\frac{2}{9}=\frac{\square}{9}-\frac{\square}{9}$

$=\frac{\square}{9}=\square\frac{\square}{9}$

⑧ $4\frac{9}{11}-2\frac{4}{11}=$

⑨ $5\frac{7}{12}-2\frac{2}{12}=$

⑩ $5\frac{10}{13}-3\frac{6}{13}=$

**설명해 보세요**

$3\frac{4}{5}-1\frac{1}{5}$을 여러 가지 방법으로 계산하고 그 과정을 설명해 보세요.

1 규칙을 찾아 빈 곳에 알맞은 수를 써넣으세요.

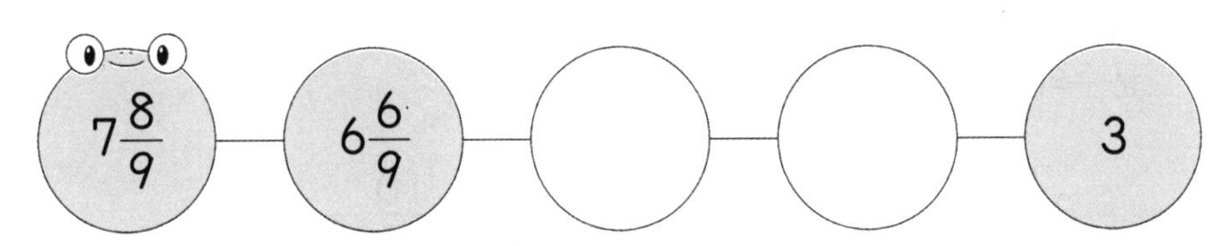


2 관계있는 것끼리 선으로 이어 보세요.

| | |
|---|---|
| $5\frac{8}{11}-3\frac{5}{11}$ • | • $5\frac{8}{11}-2\frac{5}{11}$ |
| $4\frac{9}{11}-1\frac{4}{11}$ • | • $6\frac{10}{11}-4\frac{7}{11}$ |
| $9\frac{6}{11}-6\frac{3}{11}$ • | • $8\frac{8}{11}-5\frac{3}{11}$ |

## 도전해 보세요

1 어떤 수에서 $3\frac{2}{7}$를 빼야 할 것을 잘못하여 더했더니 $8\frac{6}{7}$이 되었습니다. 바르게 계산하면 얼마일까요?

( )

2 □ 안에 들어갈 수 있는 가장 작은 자연수를 구하세요.

$$6\frac{\square}{13}-2\frac{2}{13}>4\frac{5}{13}$$

( )

# 16 (자연수)-(진분수)

4-2-1
분수의 덧셈과 뺄셈
(분모가 같은 대분수의 뺄셈 (1))

4-2-1
분수의 덧셈과 뺄셈
((자연수)-(진분수))

4-2-1
분수의 덧셈과 뺄셈
((자연수)-(대분수))

## ?! 기억해 볼까요?

분수의 뺄셈을 하세요.

① $3\frac{8}{9}-1\frac{3}{9}=$

② $4\frac{10}{11}-1\frac{2}{11}=$

## 30초 개념

(자연수)−(진분수)는 2가지 방법으로 계산할 수 있어요.

$2-\frac{3}{5}$의 계산

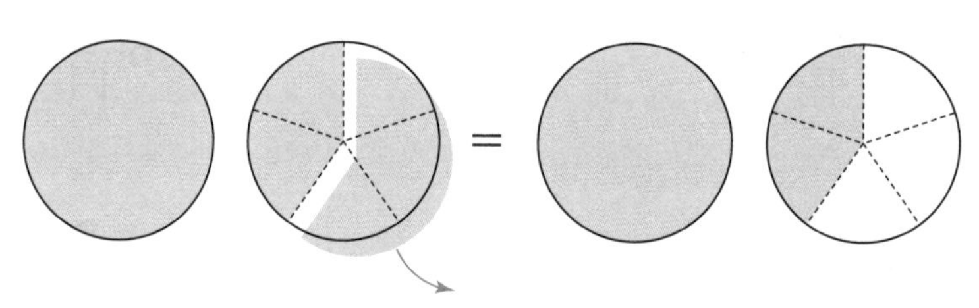

방법1 자연수에서 1만큼을 가분수로 바꾸어 분수끼리 빼요.

2 → $1\frac{5}{5}$

$2-\frac{3}{5}=1\frac{5}{5}-\frac{3}{5}=1\frac{2}{5}$

1만큼을 가분수로 나타내요.

방법2 자연수를 가분수로 바꾸어 빼고, 결과를 대분수로 나타내요.

2 → $\frac{10}{5}$

$2-\frac{3}{5}=\frac{10}{5}-\frac{3}{5}=\frac{7}{5}=1\frac{2}{5}$

자연수를 가분수로 나타내요.

자연수에서 1만큼을 가분수로 바꾸어 계산하세요.

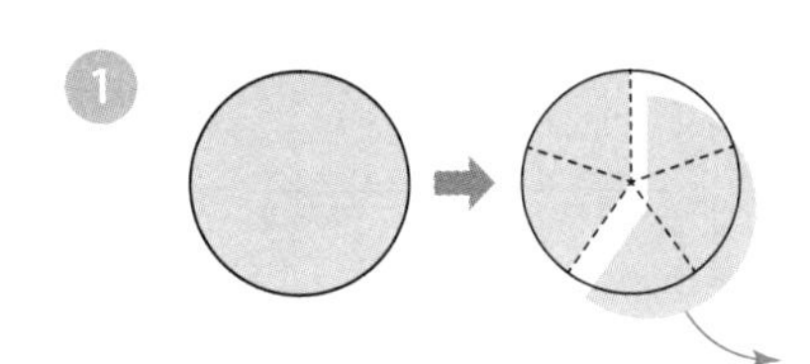

1 $1-\frac{3}{5}=\frac{\square}{\square}-\frac{3}{5}=\frac{\square}{5}$

가분수로 나타내요.

2 $2-\frac{3}{4}=1\frac{\square}{4}-\frac{3}{4}=\square\frac{\square}{4}$

1만큼을 가분수로 나타내요.

3 $4-\frac{1}{2}=3\frac{\square}{\square}-\frac{1}{2}=\square\frac{\square}{2}$

4 $5-\frac{1}{6}=$

5 $3-\frac{2}{7}=$

6 $6-\frac{5}{8}=$

7 $5-\frac{4}{9}=$

8 $4-\frac{3}{10}=$

자연수를 가분수로 바꾸어 계산하세요.

9 $2-\frac{1}{3}=\frac{\square}{\square}-\frac{1}{3}=\frac{\square}{3}=\square$

가분수로 나타내요.

10 $3-\frac{3}{5}=\frac{\square}{\square}-\frac{\square}{\square}=\frac{\square}{\square}=\square$

자연수에서 1만큼을 가분수로 바꾸어 계산하세요.

① $5-\frac{5}{6}=\square\frac{\square}{\square}-\frac{\square}{\square}$
$=\square$

② $4-\frac{3}{8}=\square\frac{\square}{\square}-\frac{\square}{\square}$
$=\square$

③ $6-\frac{3}{7}=$

④ $8-\frac{2}{9}=$

⑤ $7-\frac{6}{11}=$

⑥ $9-\frac{5}{12}=$

⑦ $3-\frac{8}{15}=$

⑧ $1-\frac{13}{16}=$

자연수를 가분수로 바꾸어 계산하세요.

⑨ $8-\frac{7}{9}=\frac{\square}{\square}-\frac{7}{9}=\frac{\square}{\square}=\square$

⑩ $4-\frac{6}{11}=$

⑪ $3-\frac{11}{13}=$

⑫ $2-\frac{9}{14}=$

**설명해 보세요**

$2-\frac{3}{7}$을 여러 가지 방법으로 계산하고 그 과정을 설명해 보세요.

수직선을 보고 □ 안에 알맞은 수를 써넣으세요.

1

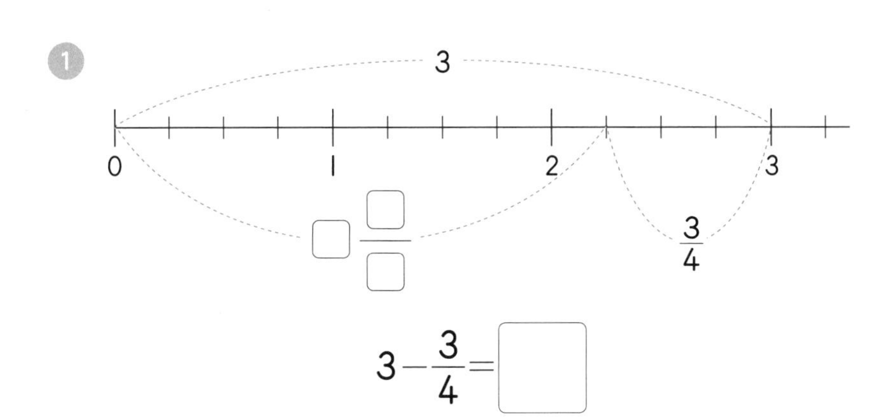


$3-\frac{3}{4}=$ □

2

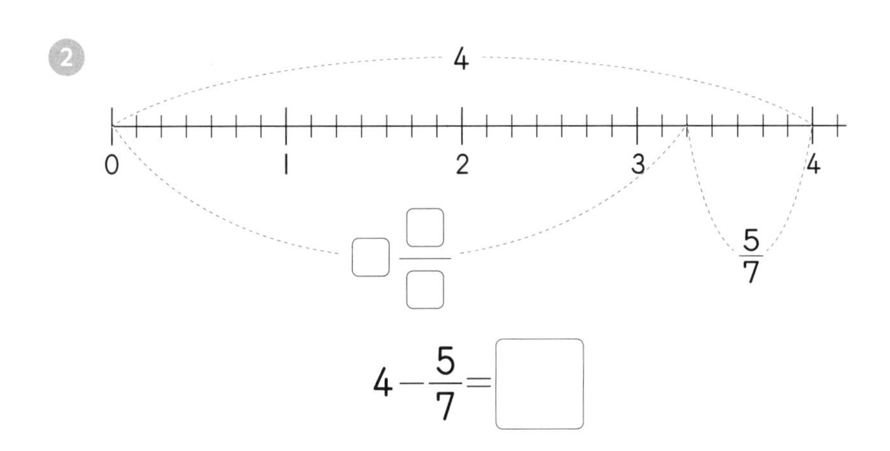


$4-\frac{5}{7}=$ □

## 도전해 보세요

1 □ 안에 알맞은 시간은 몇 시간 몇 분일까요?

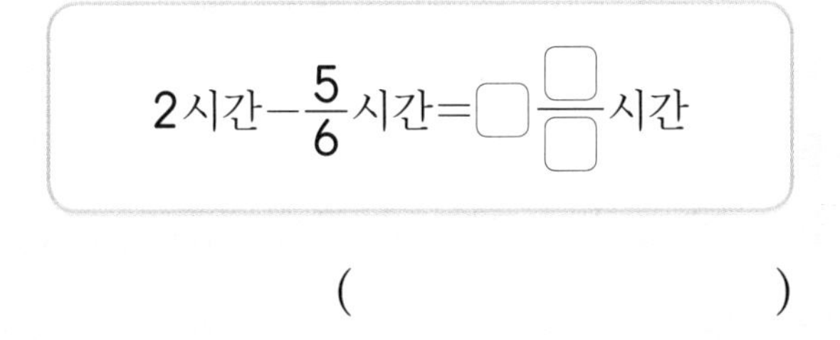

2시간 $-\frac{5}{6}$시간 $=$ □$\frac{□}{□}$시간

(　　　　　　　　)

2 두 수를 모아 7을 만들려고 합니다. □ 안에 알맞은 수를 써넣으세요.

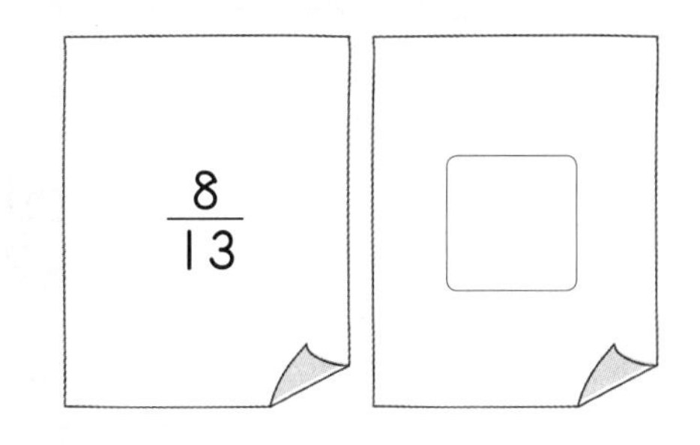

# 17 (자연수)-(대분수)

4-2-1
분수의 덧셈과 뺄셈
((자연수)-(진분수))

4-2-1
분수의 덧셈과 뺄셈
((자연수)-(대분수))

4-2-1
분수의 덧셈과 뺄셈
(분모가 같은 대분수의 뺄셈 (2))

**?! 기억해 볼까요?**

분수의 뺄셈을 하세요.

① $4-\frac{1}{3}=$

② $6-\frac{2}{7}=$

**30초 개념**

(자연수)−(대분수)는 2가지 방법으로 계산할 수 있어요.

$3-1\frac{3}{5}$의 계산

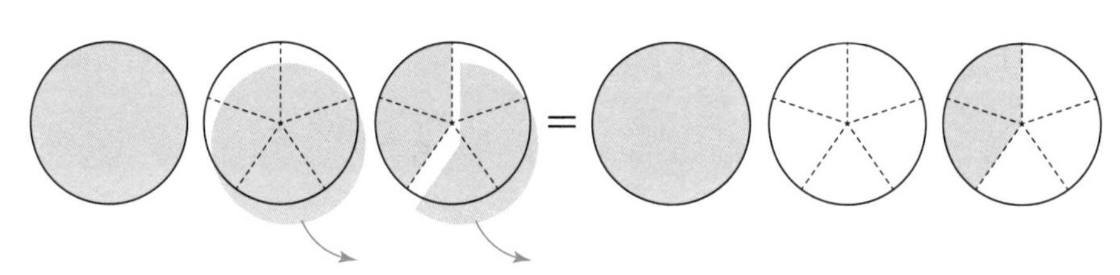

방법1 자연수에서 1만큼을 가분수로 바꾸어 자연수끼리, 분수끼리 빼요.

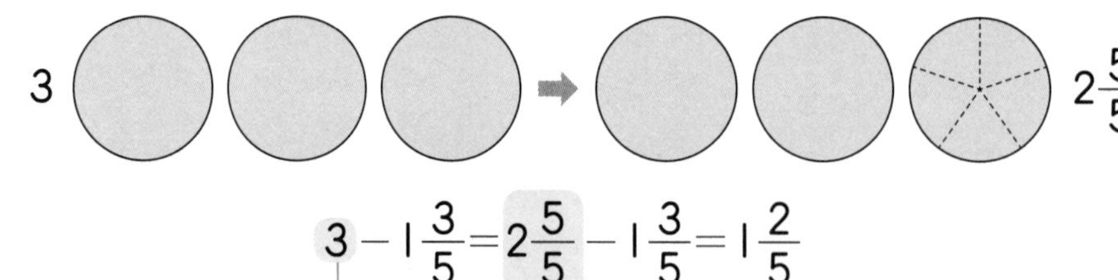


$$3-1\frac{3}{5}=2\frac{5}{5}-1\frac{3}{5}=1\frac{2}{5}$$

1만큼을 가분수로 나타내요.

방법2 자연수와 대분수를 가분수로 바꾸어 빼고, 결과를 대분수로 나타내요.

3 → $\frac{15}{5}$

$$3-1\frac{3}{5}=\frac{15}{5}-\frac{8}{5}=\frac{7}{5}=1\frac{2}{5}$$

자연수와 대분수를 가분수로 나타내요.

자연수에서 1만큼을 가분수로 바꾸어 계산하세요.

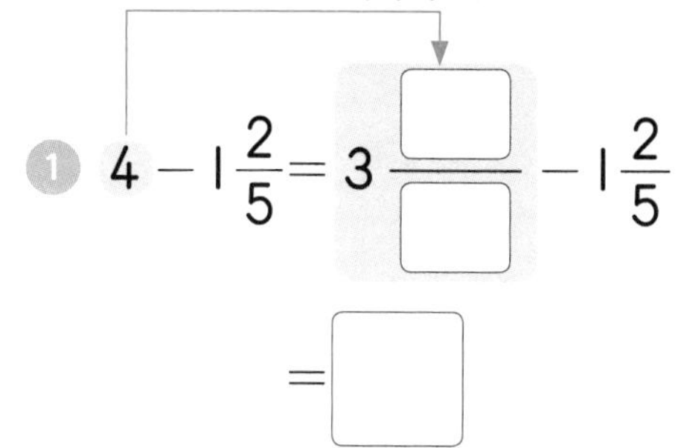


2 $5-1\frac{3}{4}=4\frac{\square}{4}-1\frac{3}{4}$
$=\square\frac{\square}{4}$

3 $3-2\frac{1}{7}=$

4 $4-1\frac{5}{6}=$

5 $6-2\frac{3}{8}=$

6 $5-3\frac{5}{9}=$

7 $4-2\frac{3}{10}=$

8 $8-5\frac{3}{11}=$

자연수와 대분수를 가분수로 바꾸어 계산하세요.

9 $3-1\frac{1}{4}=\frac{\square}{\square}-\frac{\square}{4}=\frac{\square}{4}=\square$

자연수와 대분수를 가분수로 나타내요.

10 $4-2\frac{3}{5}=$

11 $5-2\frac{5}{7}=$

## 개념 다지기

자연수에서 1만큼을 가분수로 바꾸어 계산하세요.

① $4-1\frac{1}{6}=$

② $5-2\frac{7}{8}=$

③ $3-1\frac{4}{9}=$

④ $4-2\frac{7}{10}=$

⑤ $6-2\frac{5}{12}=$

⑥ $5-3\frac{9}{13}=$

⑦ $7-4\frac{11}{14}=$

⑧ $8-7\frac{3}{16}=$

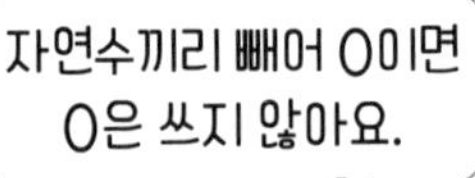

자연수와 대분수를 가분수로 바꾸어 계산하세요.

⑨ $4-2\frac{5}{6}=$

⑩ $6-3\frac{2}{9}=$

⑪ $5-2\frac{5}{11}=$

⑫ $3-1\frac{7}{15}=$

**설명해 보세요**

$6-2\frac{5}{7}$를 여러 가지 방법으로 계산하고 그 과정을 설명해 보세요.

계산 결과가 큰 것부터 차례로 기호를 쓰세요.

㉠ $11-2\frac{9}{13}$　　㉡ $9-2\frac{2}{13}$

㉢ $10-3\frac{8}{13}$　　㉣ $8-1\frac{1}{13}$

(　　　　　　)

그림을 보고 물음에 답하세요.

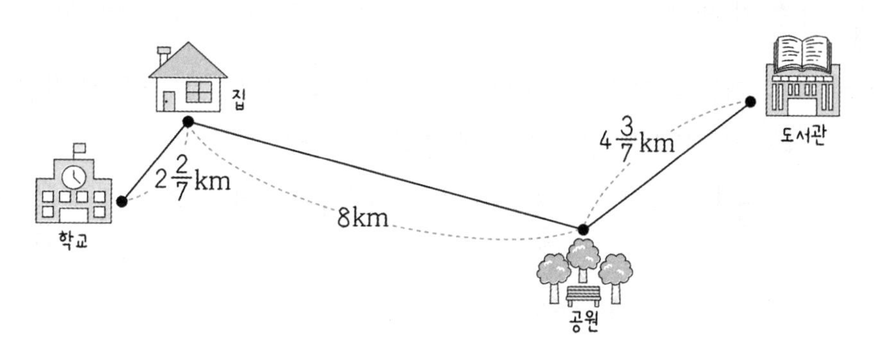


1 집에서 공원까지의 거리는 집에서 학교까지의 거리보다 얼마나 더 먼가요?

식 ______________________

답 ______________

2 공원에서 도서관까지의 거리는 공원에서 집까지의 거리보다 얼마나 더 가까운가요?

식 ______________________

답 ______________

# 18 분모가 같은 대분수의 뺄셈 (2)

- 4-2-1 분수의 덧셈과 뺄셈 ((자연수)-(대분수))
- 4-2-1 분수의 덧셈과 뺄셈 (분모가 같은 대분수의 뺄셈 (2))
- 4-2-3 소수의 덧셈과 뺄셈 (소수의 뺄셈)

## ?! 기억해 볼까요?

분수의 뺄셈을 하세요.

① $5-1\frac{3}{5}=$

② $7-2\frac{5}{11}=$

## 30초 개념

분모가 같은 대분수의 뺄셈에서 분수 부분끼리 뺄셈을 할 수 없으면 빼어지는 대분수의 자연수에서 1만큼을 가분수로 바꾸어 빼요.

◎ $3\frac{1}{3}-1\frac{2}{3}$의 계산

방법1 빼어지는 대분수의 자연수에서 1만큼을 가분수로 바꾸어 자연수는 자연수끼리, 분수는 분수끼리 뺀 결과를 더해요.

$$3\frac{1}{3}-1\frac{2}{3}=2\frac{4}{3}-1\frac{2}{3}=(2-1)+\left(\frac{4}{3}-\frac{2}{3}\right)=1+\frac{2}{3}=1\frac{2}{3}$$

1만큼을 가분수로 나타내요.

방법2 대분수를 가분수로 바꾸어 빼고, 결과를 대분수로 나타내요.

$$3\frac{1}{3}-1\frac{2}{3}=\frac{10}{3}-\frac{5}{3}=\frac{5}{3}=1\frac{2}{3}$$

대분수 → 가분수    가분수 → 대분수

(대분수) — (진분수), (대분수) — (가분수)에서 분수 부분끼리 뺄 수 없을 때도 자연수에서 1만큼을 가분수로 바꾸어 빼요.

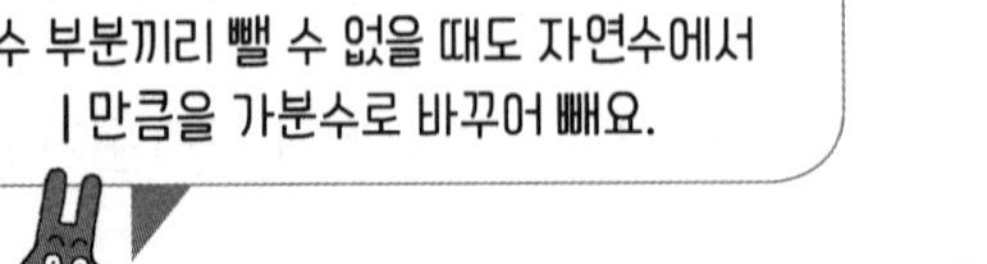

• (대분수)−(진분수)

$$2\frac{1}{3}-\frac{2}{3}=1\frac{4}{3}-\frac{2}{3}=1\frac{2}{3}$$

• (대분수)−(가분수)

$$3\frac{2}{3}-\frac{4}{3}=2\frac{5}{3}-\frac{4}{3}=2\frac{1}{3}$$

빼는 수만큼 그림에 ×표 하고, □ 안에 알맞은 수를 써넣으세요.

1
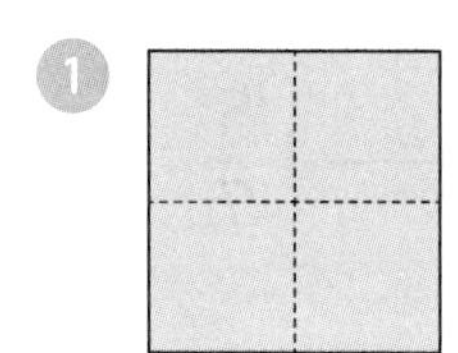 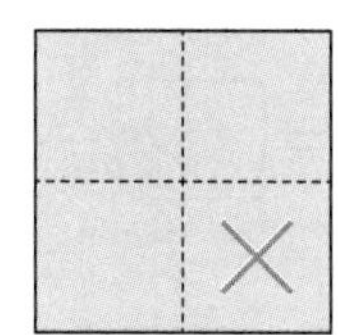 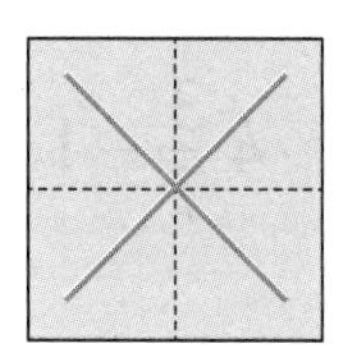 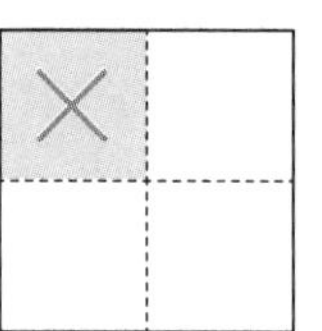

$3\frac{1}{4}-1\frac{2}{4}=\square\frac{\square}{4}-1\frac{2}{4}=\square\frac{\square}{4}$

1만큼을 가분수로 나타내요.

2
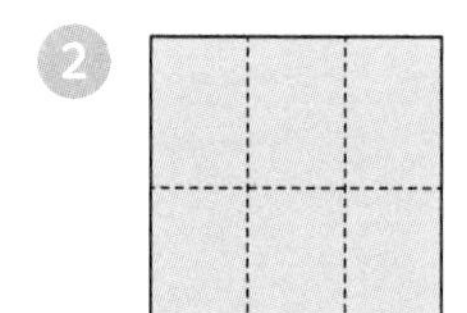 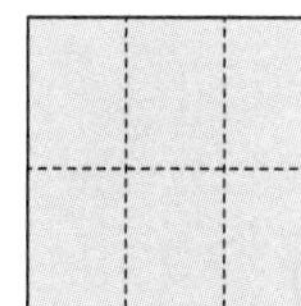 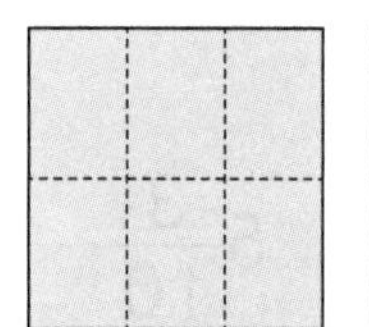 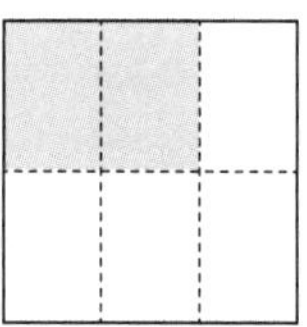

$3\frac{2}{6}-1\frac{3}{6}=\square\frac{\square}{\square}-1\frac{3}{6}=\square\frac{\square}{6}$

대분수를 가분수로 바꾸어 계산하세요.

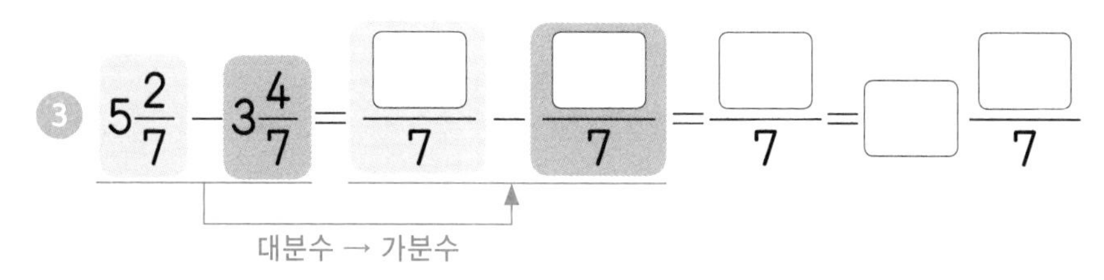

3 $5\frac{2}{7}-3\frac{4}{7}=\frac{\square}{7}-\frac{\square}{7}=\frac{\square}{7}=\square\frac{\square}{7}$

대분수 → 가분수

4 $6\frac{1}{8}-2\frac{2}{8}=\frac{\square}{\square}-\frac{\square}{\square}=\frac{\square}{\square}=\square\frac{\square}{8}$

5 $4\frac{1}{6}-1\frac{2}{6}=\frac{\square}{\square}-\frac{\square}{\square}=\frac{\square}{\square}=\square\frac{\square}{6}$

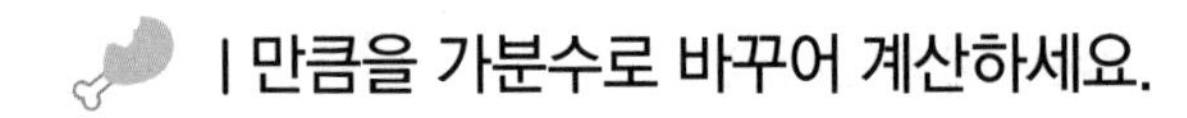


1만큼을 가분수로 바꾸어 계산하세요.

❶ $3\frac{2}{5}-1\frac{4}{5}=\square\frac{\square}{5}-1\frac{4}{5}$
$=\square\frac{\square}{5}$

❷ $4\frac{3}{7}-1\frac{5}{7}=\square\frac{\square}{7}-1\frac{5}{7}$
$=\square\frac{\square}{7}$

❸ $6\frac{2}{9}-2\frac{4}{9}=$

❹ $5\frac{3}{10}-\frac{6}{10}=$

❺ $8\frac{4}{11}-3\frac{7}{11}=$

❻ $9\frac{3}{13}-2\frac{9}{13}=$

❼ $4\frac{3}{9}-\frac{4}{9}=$

❽ $3\frac{3}{11}-\frac{13}{11}=$

❾ $5\frac{1}{12}-3\frac{6}{12}=$

❿ $6\frac{3}{15}-2\frac{10}{15}=$

대분수를 가분수로 바꾸어 계산하세요.

① $4\frac{2}{4}-1\frac{3}{4}=\frac{\square}{4}-\frac{\square}{4}=\frac{\square}{\square}=\square\frac{\square}{4}$

② $5\frac{2}{5}-2\frac{4}{5}=\frac{\square}{5}-\frac{\square}{5}=\frac{\square}{\square}=\square\frac{\square}{5}$

③ $3\frac{2}{6}-2\frac{3}{6}=$

④ $4\frac{3}{7}-3\frac{5}{7}=$

⑤ $4\frac{3}{8}-2\frac{7}{8}=$

⑥ $3\frac{3}{9}-\frac{20}{9}=$

⑦ $3\frac{4}{10}-\frac{11}{10}=$

⑧ $2\frac{2}{11}-1\frac{6}{11}=$

⑨ $3\frac{2}{12}-\frac{23}{12}=$

⑩ $3\frac{1}{15}-2\frac{3}{15}=$

분수의 뺄셈을 하세요.

① $4\frac{1}{5}-1\frac{4}{5}=$

② $4\frac{2}{6}-2\frac{4}{6}=$

③ $6\frac{2}{7}-2\frac{4}{7}=$

④ $5\frac{3}{11}-3\frac{6}{11}=$

⑤ $4\frac{1}{11}-\frac{7}{11}=$

⑥ $5\frac{3}{9}-4\frac{5}{9}=$

⑦ $2\frac{3}{13}-1\frac{4}{13}=$

⑧ $4\frac{3}{10}-\frac{20}{10}=$

⑨ $3\frac{4}{12}-1\frac{9}{12}=$

⑩ $4\frac{1}{15}-2\frac{8}{15}=$

⑪ $3\frac{11}{17}-\frac{25}{17}=$

⑫ $5\frac{15}{20}-4\frac{5}{20}=$

**설명해 보세요**

$5\frac{3}{7}-\frac{18}{7}$을 여러 가지 방법으로 계산하고 그 과정을 설명해 보세요.

빈칸에 알맞은 수를 써넣으세요.

1

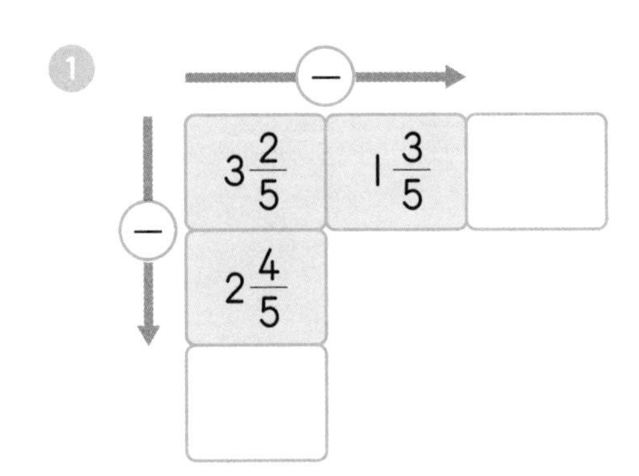



2

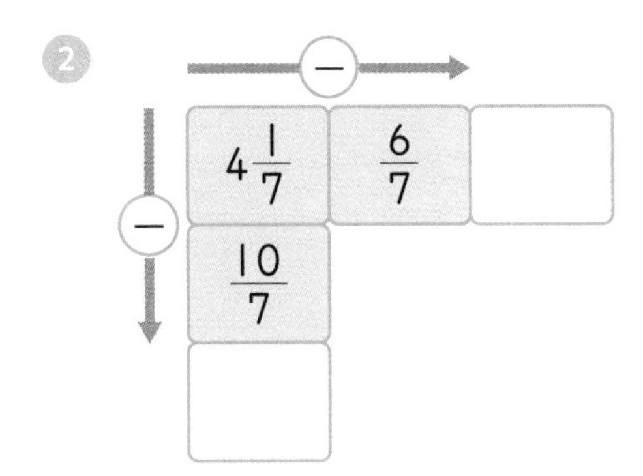



3

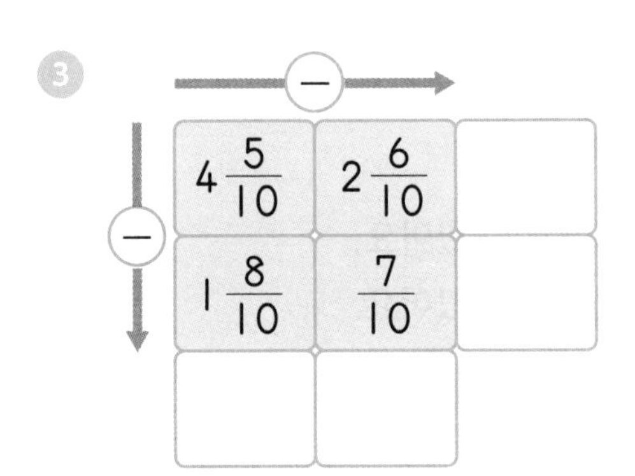



4

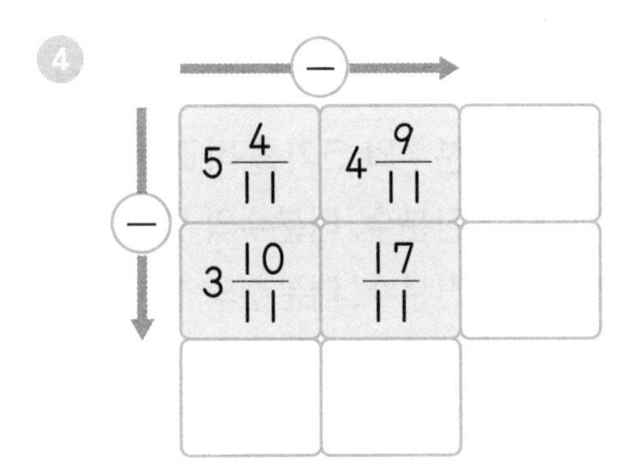



## 도전해 보세요

1 길이가 $2\frac{3}{8}$ m와 $3\frac{6}{8}$ m인 색 테이프 2장을 $1\frac{7}{8}$ m만큼 겹쳐서 이어 붙였습니다. 이어 붙인 색 테이프의 전체 길이는 몇 m일까요?

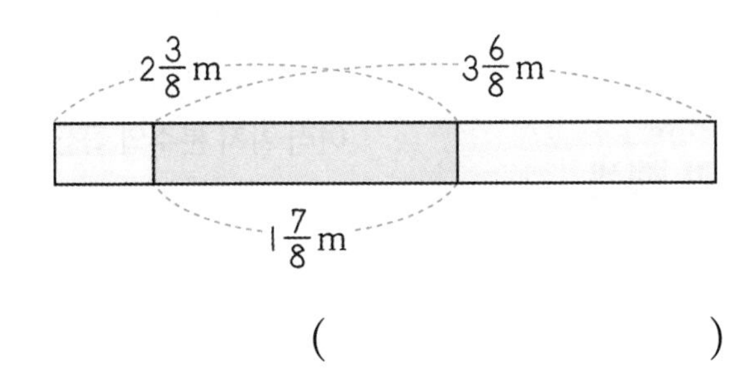



( )

2 어느 동물의 계산 결과가 가장 클까요?

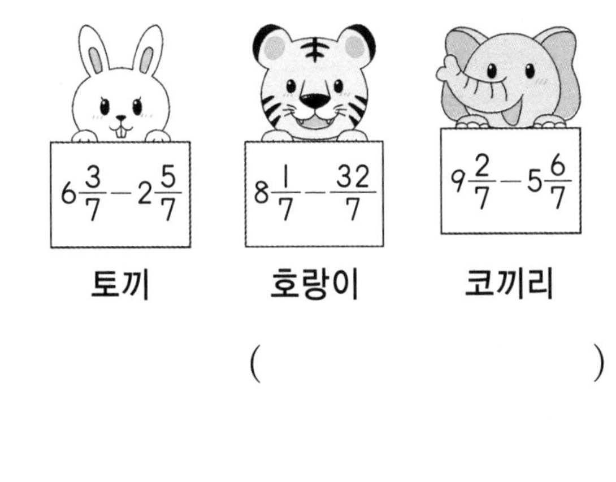



( )

3장

# 분모가 다른 분수의 덧셈과 뺄셈

## 무엇을 배우나요?

- 크기가 같은 분수를 알고, 분모와 분자에 0이 아닌 같은 수를 곱하거나 나누어 크기가 같은 분수를 만들 수 있어요.
- 약분을 이해하며 분수를 약분하고, 통분을 이해하며 통분할 수 있어요.
- 분모가 다른 분수의 크기를 비교할 수 있어요.
- 분모가 다른 진분수, 대분수의 덧셈 원리를 이해하고 계산할 수 있어요.
- 분모가 다른 진분수, 대분수의 뺄셈 원리를 이해하고 계산할 수 있어요.

4-2-1
**분수**
분모가 같은 분수의 덧셈
분모가 같은 분수의 뺄셈
1-(진분수)
(자연수)-(대분수)

→

5-1-4
**약분과 통분**
크기가 같은 분수 알기
분수를 간단하게 나타내기 (약분)
통분 알기
분수의 크기 비교

5-1-5
**분수의 덧셈과 뺄셈**
분모가 다른 분수의 덧셈
분모가 다른 분수의 뺄셈

→

5-2-2
**분수의 곱셈**
(분수)×(자연수)
(자연수)×(분수)
진분수의 곱셈
여러 가지 분수의 곱셈

| 3장 분모가 다른 분수의 덧셈과 뺄셈 | 초등 3학년 (30일 진도) | 초등 4학년 (25일 진도) | 초등 5학년 (18일 진도) |
|---|---|---|---|
| | 하루 한 단계씩 공부 | 하루 한 단계씩 공부 | 하루 한 단계씩 공부 |

권장 진도표에 맞춰 공부하고, 공부한 단계에 해당하는 조각에 색칠하세요.

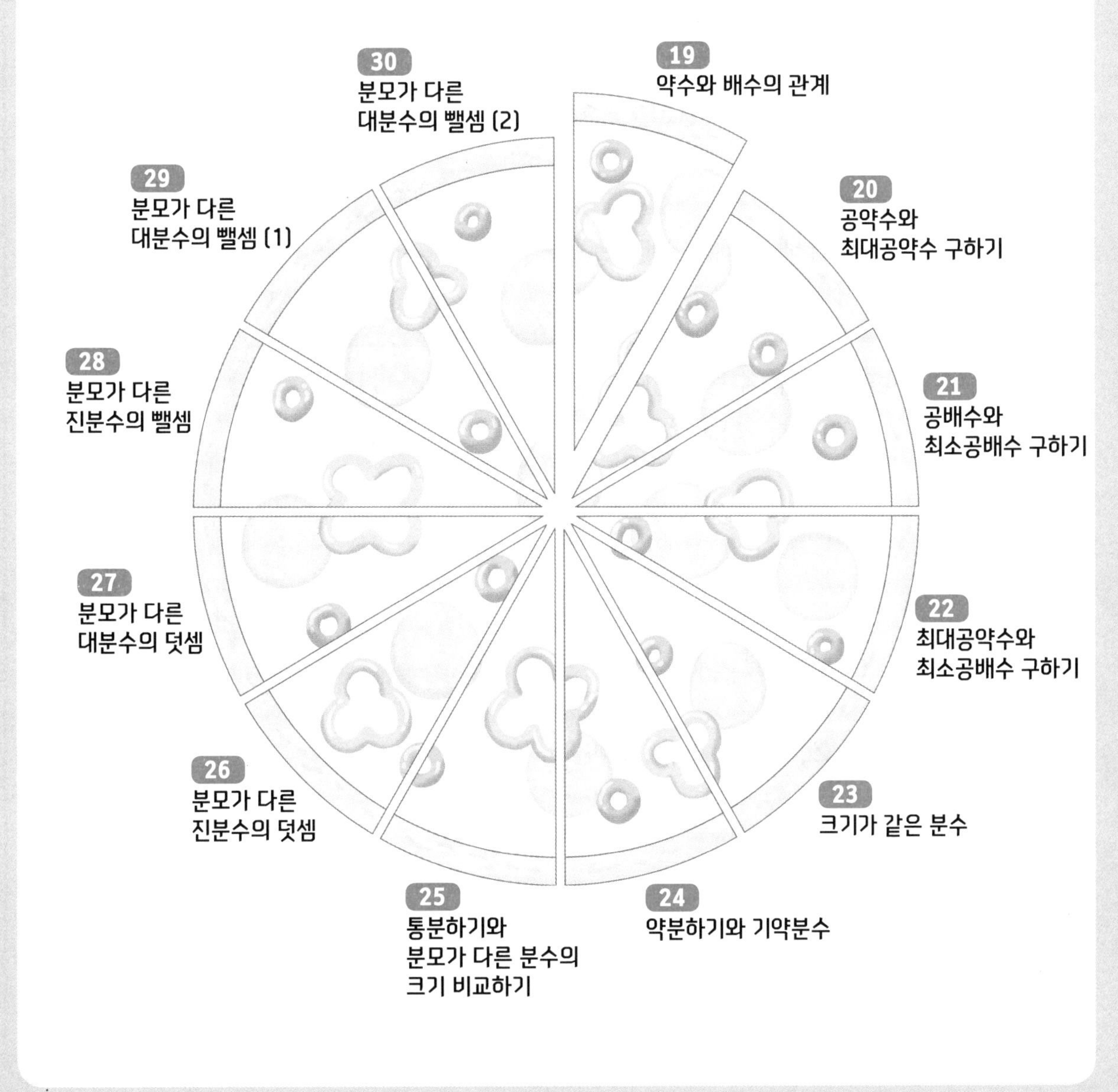

# 19 약수와 배수의 관계

3-1-3 나눗셈 (곱셈과 나눗셈의 관계)
5-1-2 약수와 배수 (약수와 배수의 관계)
5-1-2 약수와 배수 (공약수와 최대공약수 구하기)

## 기억해 볼까요?

곱셈식을 보고 나눗셈을 완성하세요.

$3 \times 5 = 15$ → $15 \div \square = \square$, $15 \div \square = \square$

## 30초 개념

- 약수: 어떤 수를 나누어떨어지게 하는 수

$6 \div 1 = 6$　$6 \div 2 = 3$　$6 \div 3 = 2$　$6 \div 6 = 1$

→ 6을 나누어떨어지게 하는 수를 6의 약수라고 합니다.
1, 2, 3, 6은 6의 약수입니다.

- 배수: 어떤 수를 1배, 2배, 3배 …… 한 수

4를 1배 한 수는 4입니다. ➡ $4 \times 1 = 4$
4를 2배 한 수는 8입니다. ➡ $4 \times 2 = 8$
4를 3배 한 수는 12입니다. ➡ $4 \times 3 = 12$

→ 4를 1배, 2배, 3배 …… 한 수를 4의 배수라고 합니다.
4, 8, 12 ……는 4의 배수입니다.

### 약수와 배수의 관계

$12 = 1 \times 12$　$12 = 2 \times 6$　$12 = 3 \times 4$

➡ 12는 1, 2, 3, 4, 6, 12의 배수입니다.
→ 자기 자신도 가장 작은 배수입니다.

➡ 1, 2, 3, 4, 6, 12는 12의 약수입니다.
→ 1은 모든 수의 약수입니다.

□ 안에 알맞은 수를 써넣고 약수를 구하세요.

①

8÷[1]=8　8÷[2]=4

8÷[4]=2　8÷[8]=1

8의 약수

➡ ( 1, 2, 4, 8 )

②

14÷[　]=14　14÷[　]=7

14÷[　]=2　14÷[　]=1

14의 약수

➡ (　　　　)

③

20÷[　]=20　20÷[　]=10

20÷[　]=5　20÷[　]=4

20÷[　]=2　20÷[　]=1

20의 약수

➡ (　　　　)

④

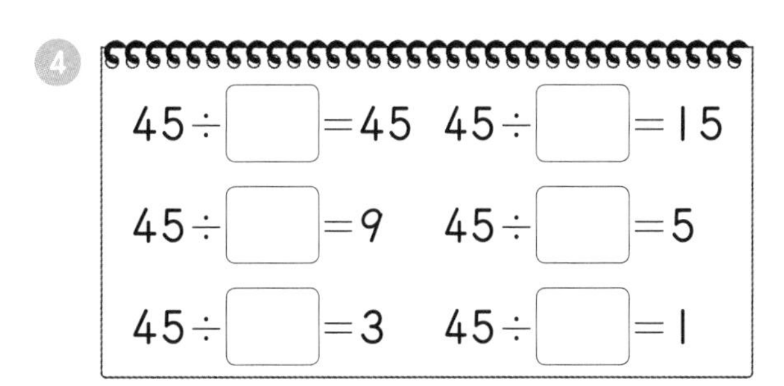

45÷[　]=45　45÷[　]=15

45÷[　]=9　45÷[　]=5

45÷[　]=3　45÷[　]=1

45의 약수

➡ (　　　　)

배수를 가장 작은 수부터 4개 쓰세요.

⑤ 2 ➡ 2, 4, 6, 8

⑥ 4 ➡ ________

⑦ 10 ➡ ________

⑧ 6 ➡ ________

⑨ 21 ➡ ________

⑩ 13 ➡ ________

## 개념 다지기

왼쪽 수가 오른쪽 수의 약수인 것에 ○표, 약수가 아닌 것에 ×표 하세요.

1. 

( )

2. 3 14 ( )

3. 2 18 ( )

4. 12 4 ( )

5. 10 35 ( )

6. 16 48 ( )

오른쪽 수가 왼쪽 수의 배수인 것에 ○표, 약수가 아닌 것에 ×표 하세요.

7. 

( )

8. 4 54 ( )

9. 7 56 ( )

10. 13 42 ( )

11. 24 8 ( )

12. 

( )

### 설명해 보세요

두 수의 곱을 통해 30의 약수를 구하고 약수를 모두 구했는지 설명해 보세요.

## 개념 키우기

□ 안에 알맞은 수를 써넣고 약수와 배수의 관계를 쓰세요.

❶ 24

$24=1\times\square$, $24=2\times\square$, $24=3\times\square$, $24=\square\times6$

24의 약수는 ________________________ 이고,

24는 ________________________ 의 배수입니다.

❷ 36

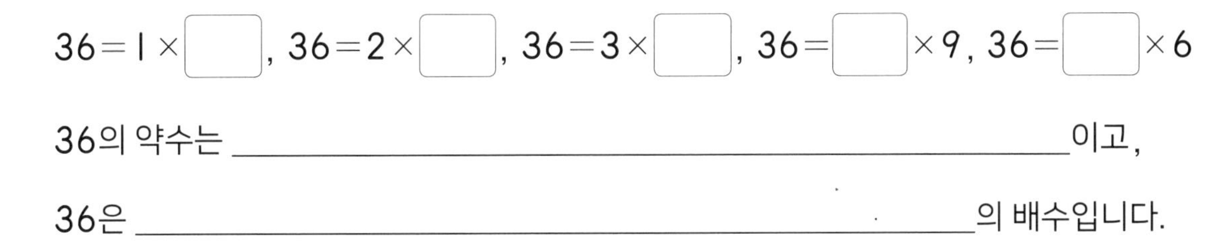

$36=1\times\square$, $36=2\times\square$, $36=3\times\square$, $36=\square\times9$, $36=\square\times6$

36의 약수는 ________________________ 이고,

36은 ________________________ 의 배수입니다.

## 도전해 보세요

❶ 수 카드 중에서 서로 약수와 배수 관계인 수를 모두 찾아 표에 알맞게 써넣으세요.

5 6 15 24 30

| 약수 | 5 | | | | |
|---|---|---|---|---|---|
| 배수 | 15 | | | | |

❷ 카드 18장을 친구들과 남김없이 똑같은 수만큼 나누어 가지려고 합니다. 카드를 나누어 가질 수 있는 경우를 모두 쓰고 곱셈식으로 나타내세요.

예 (1장씩, 18명) → $1\times18=18$

답 ________________________

________________________

________________________

# 20 공약수와 최대공약수 구하기

5-1-2
약수와 배수
(약수와 배수의 관계)

5-1-2
약수와 배수
(공약수와 최대공약수 구하기)

5-1-2
약수와 배수
(공배수와 최소공배수 구하기)

① $2 \times 6 = 12$

12는 2와 6의 ☐입니다.
2와 6은 12의 ☐입니다.

② 25는 ☐, ☐, ☐의 배수입니다.

③ ☐, ☐, ☐, ☐은 6의 약수입니다.

## 30초 개념

- 공약수: 두 수의 약수 중에서 공통된 수
- 최대공약수: 공약수 중에서 가장 큰 수

12와 18의 공약수와 최대공약수 구하기

12의 약수: 1, 2, 3, 4, 6, 12
18의 약수: 1, 2, 3, 6, 9, 18

→ 1, 2, 3, 6이 공통된 약수입니다.

12와 18의 공약수: 1, 2, 3, 6
12와 18의 최대공약수: 6 ← 공약수 중 가장 큰 수

공약수는 최대공약수의 약수예요.

12와 18의 최대공약수: 6 12와 18의 공약수: 1, 2, 3, 6

6의 약수

두 수의 공약수와 최대공약수를 구하세요.

① (4, 6)

| 4의 약수 | 1, 2, 4 |
|---|---|
| 6의 약수 | 1, 2, 3, 6 |

공약수: 1, 2

최대공약수: 2

② (8, 12)

| 8의 약수 | |
|---|---|
| 12의 약수 | |

공약수: ______

최대공약수: ______

③ (10, 15)

| 10의 약수 | |
|---|---|
| 15의 약수 | |

공약수: ______

최대공약수: ______

④ (16, 24)

| 16의 약수 | |
|---|---|
| 24의 약수 | |

공약수: ______

최대공약수: ______

⑤ (13, 26)

| 13의 약수 | |
|---|---|
| 26의 약수 | |

공약수: ______

최대공약수: ______

⑥ (18, 27)

| 18의 약수 | |
|---|---|
| 27의 약수 | |

공약수: ______

최대공약수: ______

⑦ (45, 63)

| 45의 약수 | |
|---|---|
| 63의 약수 | |

공약수: ______

최대공약수: ______

개념 다지기

두 수의 공약수와 최대공약수를 구하세요.

❶ (4, 10)

공약수: ______________

최대공약수: ______________

❷ (12, 20)

공약수: ______________

최대공약수: ______________

❸ (14, 35)

공약수: ______________

최대공약수: ______________

❹ (15, 25)

공약수: ______________

최대공약수: ______________

❺ (21, 15)

공약수: ______________

최대공약수: ______________

❻ (36, 24)

공약수: ______________

최대공약수: ______________

❼ (56, 64)

공약수: ______________

최대공약수: ______________

❽ (81, 36)

공약수: ______________

최대공약수: ______________

설명해 보세요

15와 28의 공약수와 최대공약수를 구하고 그 과정을 설명해 보세요.

## 개념 키우기

1. 어떤 두 수의 최대공약수가 36일 때 이 두 수의 공약수를 모두 쓰세요.

( )

2. 두 수의 최대공약수가 큰 것부터 순서대로 기호를 쓰세요.

| | | |
|---|---|---|
| ㉠ 20, 30 | ㉡ 36, 45 | ㉢ 18, 52 |
| ㉣ 16, 24 | ㉤ 18, 54 | ㉥ 15, 30 |

( )

## 도전해 보세요

1. 가로가 80 cm, 세로가 64 cm인 직사각형 모양의 종이를 정사각형 모양의 색종이로 덮으려고 합니다. 최대한 큰 색종이를 사용하여 겹치지 않고 빈틈없이 덮으려면 색종이는 모두 몇 장이 필요할까요?

( )

2. 어떤 수로 28을 나누면 나누어떨어지고, 52를 나누면 나머지가 3입니다. 어떤 수 중에서 가장 큰 수를 구하세요.

( )

# 21 공배수와 최소공배수 구하기



## ?! 기억해 볼까요?

□ 안에 알맞은 수를 써넣으세요.

① 2의 배수: 2, □, □……

② 7의 배수: 7, 14, □, □……

③ 49는 1, □, □의 배수입니다.

④ 1, □, 4, □은 8의 약수입니다.

## 30초 개념

- 공배수: 두 수의 배수 중에서 공통된 배수
- 최소공배수: 공배수 중에서 가장 작은 수

2와 3의 공배수와 최소공배수 구하기

2의 배수: 2, 4, 6, 8, 10, 12, 14, 16, 18……
3의 배수: 3, 6, 9, 12, 15, 18……

→ 6, 12, 18……이 공통된 배수입니다.

2와 3의 공배수: 6, 12, 18……
2와 3의 최소공배수: 6 (공배수 중 가장 작은 수)

공배수는 최소공배수의 배수예요.

2와 3의 최소공배수: 6　　2와 3의 공배수: 6, 12, 18……

(6의 배수)

두 수의 공배수와 최소공배수를 구하세요. (단, 공배수는 가장 작은 수부터 2개 써요.)

배수는 어떤 수에 1배, 2배, 3배 …… 한 수예요. 가장 작은 배수는 자기 자신이에요.

❶ (4, 6)

| 4의 배수 | 4, 8, 12, 16, 20, 24 …… |
|---|---|
| 6의 배수 | 6, 12, 18, 24 …… |

공배수: 12, 24

최소공배수: 12

❷ (4, 8)

| 4의 배수 | |
|---|---|
| 8의 배수 | |

공배수: ______

최소공배수: ______

❸ (5, 15)

| 5의 배수 | |
|---|---|
| 15의 배수 | |

공배수: ______

최소공배수: ______

❹ (8, 12)

| 8의 배수 | |
|---|---|
| 12의 배수 | |

공배수: ______

최소공배수: ______

❺ (14, 21)

| 14의 배수 | |
|---|---|
| 21의 배수 | |

공배수: ______

최소공배수: ______

❻ (18, 27)

| 18의 배수 | |
|---|---|
| 27의 배수 | |

공배수: ______

최소공배수: ______

❼ (30, 10)

| 30의 배수 | |
|---|---|
| 10의 배수 | |

공배수: ______

최소공배수: ______

## 개념 다지기

두 수의 공배수와 최소공배수를 구하세요. (단, 공배수는 가장 작은 수부터 3개 써요.)

1. (3, 6)

공배수: ______________

최소공배수: ______________

2. (2, 5)

공배수: ______________

최소공배수: ______________

3. (15, 20)

공배수: ______________

최소공배수: ______________

4. (5, 10)

공배수: ______________

최소공배수: ______________

5. (14, 56)

공배수: ______________

최소공배수: ______________

6. (20, 24)

공배수: ______________

최소공배수: ______________

7. (6, 13)

공배수: ______________

최소공배수: ______________

8. (21, 12)

공배수: ______________

최소공배수: ______________

9. (18, 36)

공배수: ______________

최소공배수: ______________

10. (11, 22)

공배수: ______________

최소공배수: ______________

### 설명해 보세요

3과 4의 공배수와 최소공배수를 구하고 그 과정을 설명해 보세요.

'십간십이지'는 갑자년, 을축년, 병인년……과 같이 십간과 십이지를 하나씩 순서대로 짝 지은 것으로 연도를 나타낼 때 사용합니다. 물음에 답하세요.

| 십간 | 갑(甲) | 을(乙) | 병(丙) | 정(丁) | 무(戊) | 기(己) | 경(庚) | 신(辛) | 임(壬) | 계(癸) |
|---|---|---|---|---|---|---|---|---|---|---|

| 십이지 | 자(子) | 축(丑) | 인(寅) | 묘(卯) | 진(辰) | 사(巳) | 오(午) | 미(未) | 신(申) | 유(酉) | 술(戌) | 해(亥) |
|---|---|---|---|---|---|---|---|---|---|---|---|---|
| | | | | | | | | | | | | |
| | 쥐 | 소 | 호랑이 | 토끼 | 용 | 뱀 | 말 | 양 | 원숭이 | 닭 | 개 | 돼지 |

1. 십간과 십이지는 각각 몇 년마다 반복되나요?

십간 ______________, 십이지 ______________

2. 갑자년을 시작으로 다시 처음 갑자년이 되는 때는 몇 년 후인가요?

( )

3. 우리나라가 광복을 맞이한 1945년은 '을유년(닭해)'이에요. 80년 후인 2025년은 무슨 해인가요?

( )

## 도전해 보세요

1. 버스 터미널에서 5분마다 출발하는 버스와 7분마다 출발하는 버스가 있습니다. 오전 7시에 처음으로 두 버스가 동시에 출발했을 때 네 번째로 같이 출발하는 시각을 구하세요.

( )

2. 병준이는 3일 일하고 하루 쉬고, 동주는 2일 일하고 하루 쉽니다. 1월 1일에 같이 쉬었다면 1월에 같이 쉰 날은 며칠인지 구하세요.

( )

# 22 최대공약수와 최소공배수 구하기

- 5-1-2 약수와 배수 (공약수와 최대공약수 구하기, 공배수와 최소공배수 구하기)
- 5-1-2 약수와 배수 (최대공약수와 최소공배수)
- 5-1-4 약분과 통분 (크기가 같은 분수)

## ?! 기억해 볼까요?

8과 12의 공약수와 최대공약수, 공배수와 최소공배수를 구하세요.

① 공약수: ______________ ② 최대공약수: ______________

③ 공배수(2개): ______________ ④ 최소공배수: ______________

## 30초 개념

12와 18의 최대공약수와 최소공배수 구하기(곱셈식과 나눗셈 이용)

**방법1** 두 수의 곱셈식에서 최대공약수를 찾고, 최대공약수가 포함된 식에서 남은 수를 이용하여 최소공배수를 구할 수 있어요.

$12=1\times12,\quad 12=②\times6,\ 12=3\times4$

$18=1\times18,\ 18=2\times9,\ 18=③\times6$

12와 18의 최대공약수: 6

12와 18의 최소공배수: $6\times②\times③=36$ ← 최대공약수와 남은 수의 곱

**방법2** 두 수를 공통으로 나눌 수 있는 가장 큰 수와 몫을 이용하여 최대공약수와 최소공배수를 구할 수 있어요.

12와 18의 최대공약수 → $6\ )\ 12\quad 18$

$②\quad ③$ ➡ $6\times②\times③=36$ ← 12와 18의 최소공배수

여러 수의 곱으로 나타내어 구할 수도 있어!

$12=②\times2\times3$

$18=2\times3\times③$

$2\times3\times②\times③=36$

최대공약수 남은 수 최소공배수

$2\ )\ 12\quad 18$

$3\ )\ 6\quad 9$ → $2\times3=6$ ← 최대공약수

$②\quad ③$ → $2\times3\times②\times③=36$

남은 수 최소공배수

곱셈과 나눗셈을 이용하여 최대공약수와 최소공배수를 구하세요.

❶ (8, 14)

공통으로 들어 있는
가장 큰 수가
최대공약수예요.

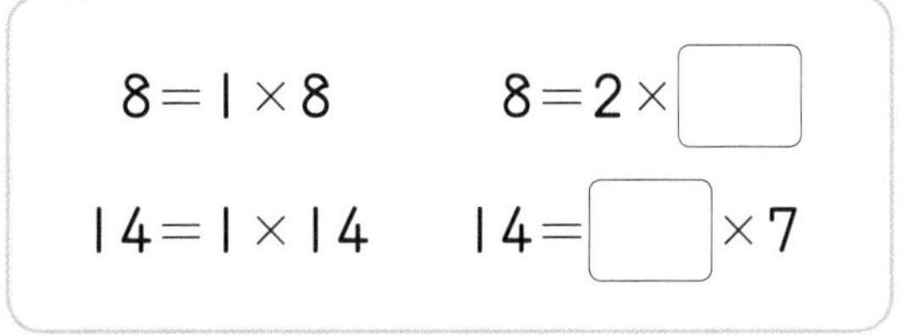
$8=1\times8$ $8=2\times$ □
$14=1\times14$ $14=$ □ $\times7$

최대공약수: 2

최소공배수: $2\times$ □ $\times$ □ $=$ □

❷ (8, 14)

2 ) 8 14

□ □

최대공약수:

최소공배수:

❸ (16, 24)

8 ) 16 24

□ □

최대공약수:

최소공배수:

주어진 수를 여러 수의 곱으로 나타내고 최대공약수와 최소공배수를 구하세요.

❹ (8, 12)

$8=2\times2\times$ □

$12=2\times2\times$ □

최대공약수: $2\times2=4$

최소공배수: $2\times2\times2\times3=24$

개념 다지기

주어진 수를 두 수의 곱으로 나타내고 최대공약수와 최소공배수를 구하세요.

❶ (6, 9)

6= 2×3

9= 3×3

최대공약수:

최소공배수:

❷ (12, 20)

12=

20=

최대공약수:

최소공배수:

❸ (15, 25)

15=

25=

최대공약수:

최소공배수:

❹ (21, 28)

21=

28=

최대공약수:

최소공배수:

주어진 수를 여러 수의 곱으로 나타내고 최대공약수와 최소공배수를 구하세요.

❺ (22, 33)

22=

33=

최대공약수:

최소공배수:

❻ (56, 24)

56=

24=

최대공약수:

최소공배수:

❼ (64, 80)

64=

80=

최대공약수:

최소공배수:

❽ (52, 65)

52=

65=

최대공약수:

최소공배수:

나눗셈을 이용하여 최대공약수와 최소공배수를 구하세요.

1 이외의 공약수가 없을 때까지 계속 나누어요.

❶ 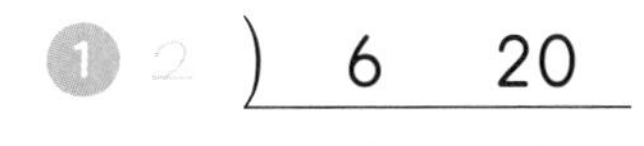


최대공약수:
최소공배수:

나눈 공약수들의 곱이 최대공약수, 남은 몫까지 곱하면 최소공배수예요.

❷ ) 8 12

최대공약수:
최소공배수:

❸ ) 16 24

최대공약수:
최소공배수:

❹ ) 18 54

최대공약수:
최소공배수:

❺ ) 28 35

최대공약수:
최소공배수:

❻ ) 24 36

최대공약수:
최소공배수:

❼ ) 42 48

최대공약수:
최소공배수:

❽ ) 27 81

최대공약수:
최소공배수:

❾ ) 50 75

최대공약수:
최소공배수:

## 개념 다지기

나눗셈을 이용하여 최대공약수와 최소공배수를 구하세요.

❶ ) 10 15

최대공약수:
최소공배수:

❷ ) 9 18

최대공약수:
최소공배수:

❸ ) 13 52

최대공약수:
최소공배수:

❹ ) 24 40

최대공약수:
최소공배수:

❺ ) 30 45

최대공약수:
최소공배수:

❻ ) 28 49

최대공약수:
최소공배수:

❼ ) 36 54

최대공약수:
최소공배수:

❽ ) 72 60

최대공약수:
최소공배수:

### 설명해 보세요

12와 18의 최대공약수와 최소공배수를 여러 가지 방법으로 구하고 그 과정을 설명해 보세요.

주어진 수들을 보고 물음에 답하세요.

| | | |
|---|---|---|
| ㉠ 21, 35 | ㉡ 16, 18 | ㉢ 13, 39 |
| ㉣ 12, 28 | ㉤ 15, 25 | ㉥ 12, 30 |

1 최대공약수가 큰 것부터 순서대로 나열하세요.

( )

2 최소공배수가 큰 것부터 순서대로 나열하세요.

( )

## 도전해 보세요

1 지훈이와 민희가 바닥에서 같이 출발하여 계단을 올라갔습니다. 지훈이는 한 번에 3계단씩 6번 만에 올라갔고, 민희는 한 번에 2계단씩 올라갔습니다. 물음에 답하세요.

(1) 지훈이와 민희가 같이 밟은 계단은 모두 몇 개인가요?

( )

(2) 지훈이와 민희가 밟지 않은 계단은 모두 몇 개인가요?

( )

2 두 수 ㉠과 ㉡의 최대공약수는 30입니다. □ 안에 들어갈 수 있는 가장 작은 수를 써넣고 ㉠과 ㉡의 최소공배수를 구하세요.

㉠ $= 2 \times 2 \times 3 \times 3 \times 5$

㉡ $= \square \times 3 \times 5 \times 11$

( )

# 23 크기가 같은 분수

5-1-2
약수와 배수
(공약수와 최대공약수 구하기, 공배수와 최소공배수 구하기)

5-1-4
약분과 통분
(크기가 같은 분수)

5-1-4
약분과 통분
(약분하기와 기약분수)

## 기억해 볼까요?

두 수의 최대공약수와 최소공배수를 구하세요.

① (6, 8)

최대공약수: ______________

최소공배수: ______________

② (12, 15)

최대공약수: ______________

최소공배수: ______________

## 30초 개념

분모와 분자에 각각 0이 아닌 같은 수를 곱하거나 나누면 크기가 같은 분수를 만들 수 있어요.

$\frac{6}{12}$과 크기가 같은 분수 만들기

방법1 분모와 분자에 0이 아닌 같은 수를 곱해요.

$$\frac{6}{12}=\frac{6\times2}{12\times2}=\frac{6\times3}{12\times3}=\frac{6\times4}{12\times4} \Rightarrow \frac{6}{12}=\frac{12}{24}=\frac{18}{36}=\frac{24}{48}$$

방법2 분모와 분자를 0이 아닌 같은 수로 나누어요.

$$\frac{6}{12}=\frac{6\div2}{12\div2}=\frac{6\div3}{12\div3}=\frac{6\div6}{12\div6} \Rightarrow \frac{6}{12}=\frac{3}{6}=\frac{2}{4}=\frac{1}{2}$$

→ 분모와 분자의 공약수로 나눌 수 있어요.

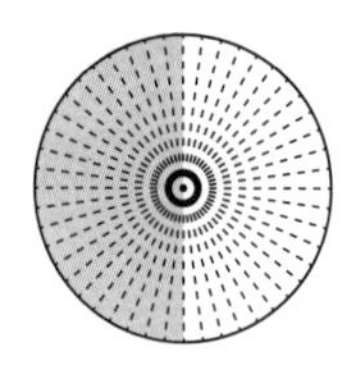
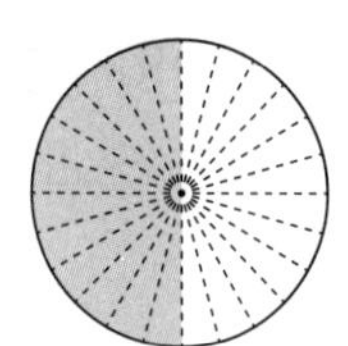
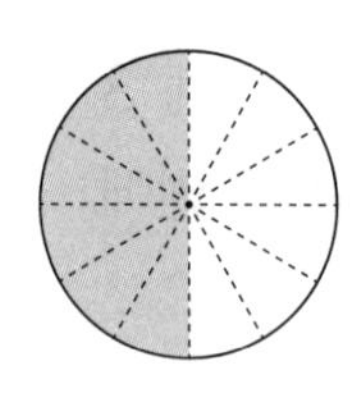
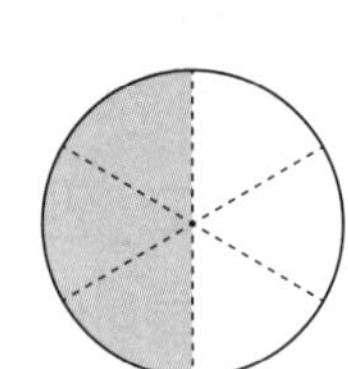
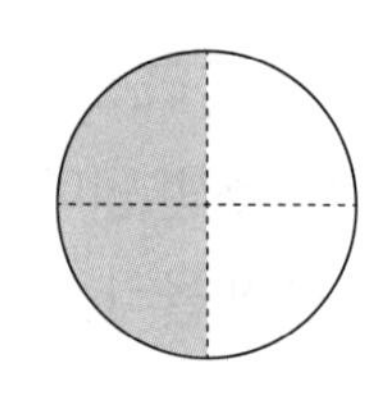

$$\frac{18}{36} = \frac{12}{24} = \frac{6}{12} = \frac{3}{6} = \frac{2}{4}$$

분모와 분자에 0을 곱하거나 나누면 안 돼요!

크기가 같게 색칠하고 □ 안에 알맞은 수를 써넣으세요.

1 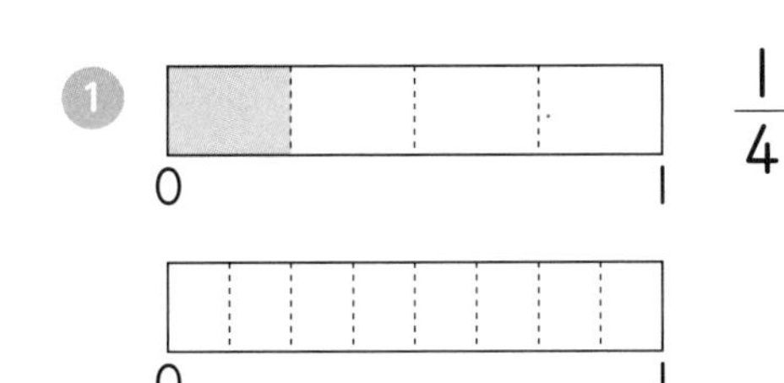

$\frac{1}{4}$

$\frac{1 \times 2}{4 \times 2} = \frac{2}{8}$

2 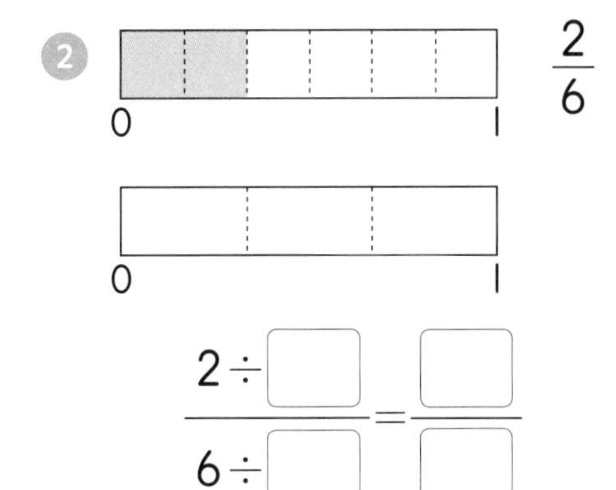

$\frac{2}{6}$

$\frac{2 \div \square}{6 \div \square} = \frac{\square}{\square}$

3 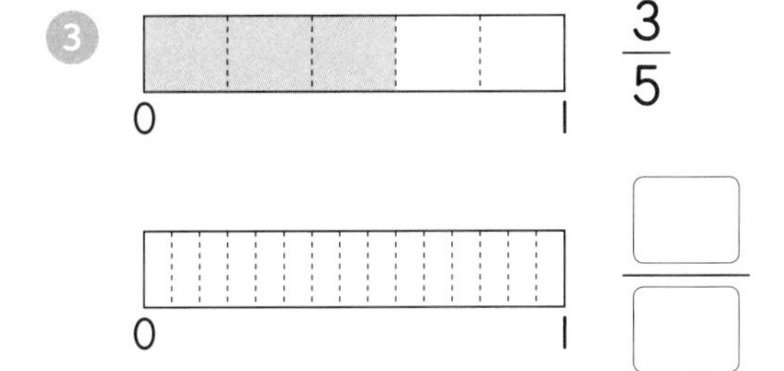

$\frac{3}{5}$

$\frac{\square}{\square}$

4 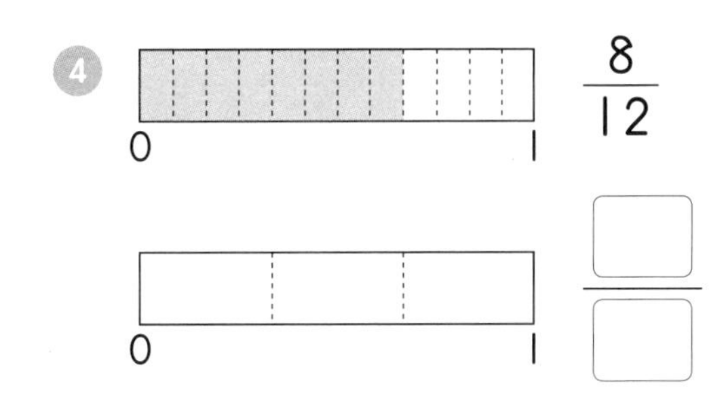

$\frac{8}{12}$

$\frac{\square}{\square}$

5 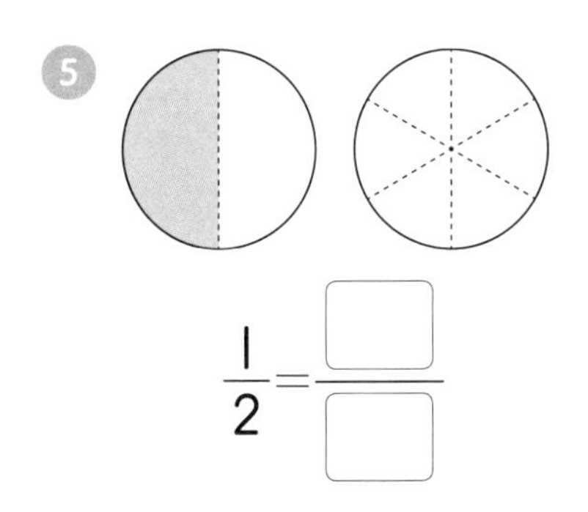

$\frac{1}{2} = \frac{\square}{\square}$

6 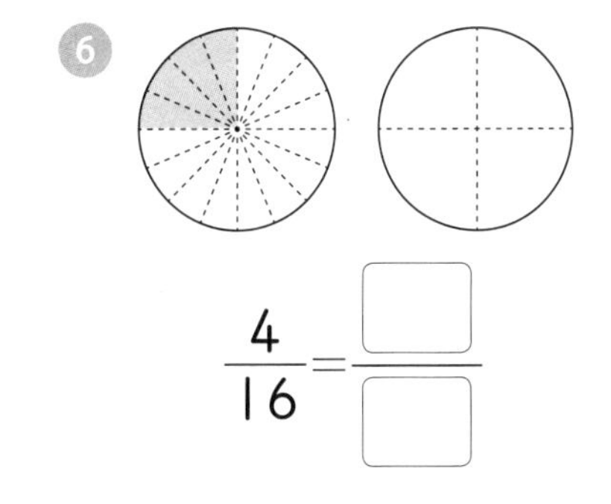

$\frac{4}{16} = \frac{\square}{\square}$

7 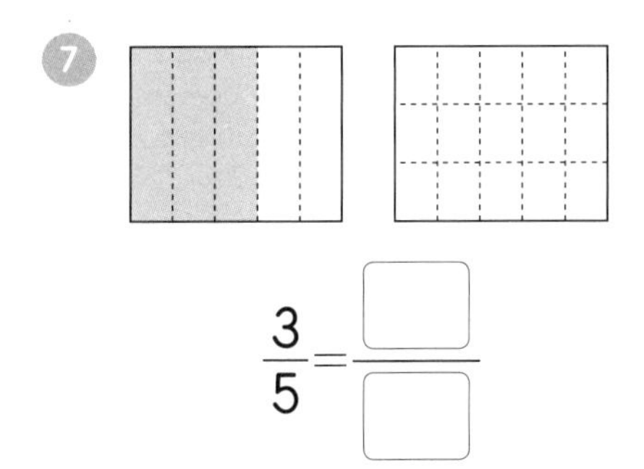

$\frac{3}{5} = \frac{\square}{\square}$

8 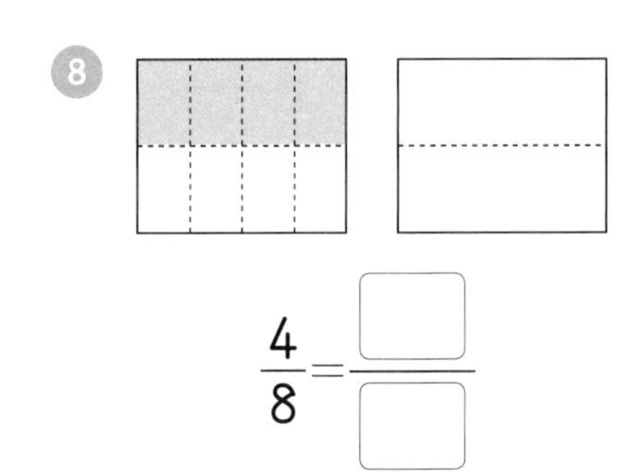

$\frac{4}{8} = \frac{\square}{\square}$

크기가 같은 분수를 분모가 가장 작은 것부터 3개 쓰세요.

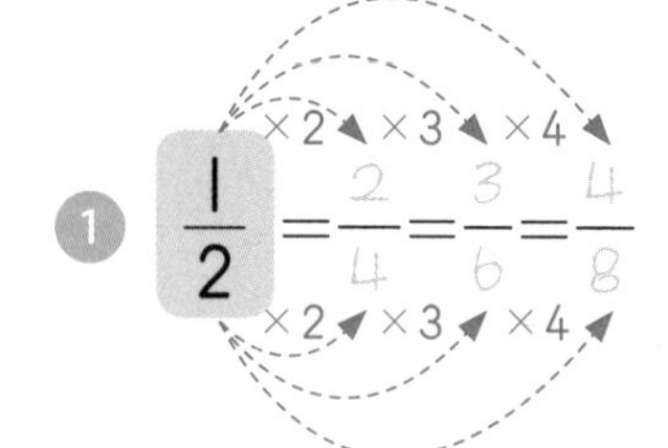


② $\frac{2}{3}$

③ $\frac{4}{5}$

④ $\frac{5}{8}$

⑤ $\frac{4}{9}$

⑥ $\frac{7}{15}$

크기가 같은 분수를 분모가 가장 큰 것부터 3개 쓰세요.

⑦ ÷2 ÷3 ÷4

$\frac{24}{36}=\frac{12}{18}=\frac{8}{12}=\frac{6}{9}$

÷2 ÷3 ÷4

⑧ $\frac{6}{12}$

⑨ $\frac{16}{48}$

⑩ $\frac{14}{42}$

⑪ $\frac{27}{81}$

⑫ $\frac{10}{80}$

**설명해 보세요**

$\frac{4}{12}$와 크기가 같은 분수를 5개 만들고 그 과정을 설명해 보세요.

1 크기가 같은 분수끼리 선으로 이어 보세요.

$\frac{3}{4}$ $\frac{10}{15}$ $\frac{7}{3}$

$\frac{2}{3}$ $\frac{21}{9}$ $\frac{12}{16}$

2 $\frac{12}{20}$와 크기가 같은 분수를 모두 찾아 ○표 하세요.

$\frac{3}{5}$ $\frac{3}{4}$ $\frac{24}{40}$ $\frac{9}{15}$ $\frac{30}{50}$ $\frac{8}{10}$

음료수를 다혜는 $\frac{18}{27}$ L, 혜진이는 $\frac{25}{30}$ L, 지현이는 $\frac{28}{49}$ L 마셨습니다. 그림을 보고 물음에 답하세요.

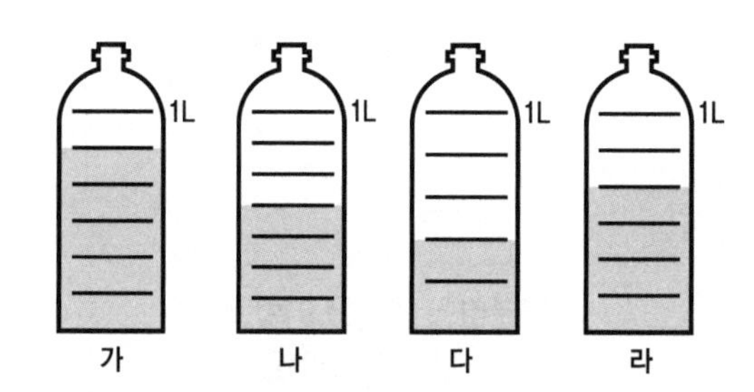


1 다혜가 마신 양과 같은 양이 들어 있는 것을 찾아 기호를 쓰세요.

(　　　　　　)

2 혜진이가 마신 양과 같은 양이 들어 있는 것을 찾아 기호를 쓰세요.

(　　　　　　)

3 지현이가 마신 양과 같은 양이 들어 있는 것을 찾아 기호를 쓰세요.

(　　　　　　)

# 24 약분하기와 기약분수

- 5-1-4 약분과 통분 (크기가 같은 분수)
- 5-1-4 약분과 통분 (약분하기와 기약분수)
- 5-1-4 약분과 통분 (통분하기와 분모가 다른 분수의 크기 비교하기)

## 기억해 볼까요?

❶ $\frac{1}{3}=\frac{1\times\square}{3\times\square}=\frac{\square}{15}$

❷ $\frac{16}{24}=\frac{16\div\square}{24\div\square}=\frac{\square}{3}$

❸ $\frac{8}{15}=\frac{32}{\square}$

❹ $\frac{15}{48}=\frac{5}{\square}$

## 30초 개념

- 약분: 분모와 분자를 공약수로 나누어 분수를 간단하게 나타내는 것
- 기약분수: 분모와 분자의 공약수가 1뿐인 분수

$\frac{8}{12}$을 약분하여 간단하게 나타내기

방법1 12와 8의 공약수인 2로 약분해요.

$\frac{8}{12}=\frac{8\div2}{12\div2}=\frac{4}{6}$

분수를 약분하려면 공약수를 알아야 해요.
12와 8의 공약수는 1, 2, 4예요.

방법2 12와 8의 최대공약수인 4로 약분해요.

$\frac{8}{12}=\frac{8\div4}{12\div4}=\frac{2}{3}$

분모와 분자를 최대공약수인 4로 약분하면
기약분수가 만들어져요.

약분하는 과정을 이렇게
나타낼 수도 있어요.

$\frac{\overset{4}{\cancel{8}}}{\underset{6}{\cancel{12}}}=\frac{\overset{2}{\cancel{4}}}{\underset{3}{\cancel{6}}}=\frac{2}{3}$ ➡ $\frac{\overset{\overset{2}{\cancel{4}}}{\cancel{8}}}{\underset{\underset{3}{\cancel{6}}}{\cancel{12}}}=\frac{2}{3}$

분수를 약분하여 □ 안에 알맞은 수를 써넣으세요.

① $\frac{12}{16} \Rightarrow \frac{6}{8}, \frac{3}{4}$

② $\frac{8}{20} \Rightarrow \frac{\square}{10}, \frac{\square}{5}$

③ $\frac{14}{28} \Rightarrow \frac{\square}{14}, \frac{\square}{4}, \frac{\square}{2}$

④ $\frac{8}{24} \Rightarrow \frac{\square}{12}, \frac{\square}{6}, \frac{\square}{3}$

⑤ $\frac{24}{32} \Rightarrow \frac{12}{\square}, \frac{6}{\square}, \frac{3}{\square}$

⑥ $\frac{30}{36} \Rightarrow \frac{15}{\square}, \frac{10}{\square}, \frac{5}{\square}$

분모와 분자를 최대공약수로 나누어 기약분수로 나타내세요.

⑦ $\frac{8}{12}=\frac{8\div\square}{12\div\square}=\frac{\square}{\square}$

⑧ $\frac{12}{16}=\frac{12\div\square}{16\div\square}=\frac{\square}{\square}$

⑨ $\frac{18}{22}=\frac{18\div\square}{22\div\square}=\frac{\square}{\square}$

⑩ $\frac{8}{24}=\frac{8\div\square}{24\div\square}=\frac{\square}{\square}$

⑪ $\frac{18}{54}=\frac{18\div\square}{54\div\square}=\frac{\square}{\square}$

⑫ $\frac{12}{72}=\frac{12\div\square}{72\div\square}=\frac{\square}{\square}$

## 개념 다지기

기약분수로 나타내세요.

① $\frac{24}{36}$ (24 → 2, 36 → 3) ➡ $\frac{2}{3}$

② $\frac{5}{25}$

③ $\frac{16}{32}$

④ $\frac{25}{40}$

⑤ $\frac{10}{18}$

⑥ $\frac{14}{56}$

⑦ $\frac{13}{39}$

⑧ $\frac{21}{53}$

⑨ $\frac{26}{65}$

⑩ $\frac{45}{81}$

⑪ $\frac{41}{82}$

⑫ $\frac{60}{100}$

### 설명해 보세요

$\frac{21}{32}$ 을 기약분수로 나타내고 그 과정을 설명해 보세요.

## 개념 키우기

1. 기약분수로 나타내었을 때 크기가 다른 하나를 찾아 ○표 하세요.

$\frac{14}{21}$ $\frac{18}{27}$ $\frac{12}{16}$ $\frac{20}{30}$ $\frac{6}{9}$ $\frac{8}{12}$

2. 기약분수를 모두 찾아 ○표 하세요.

$\frac{2}{7}$ $\frac{3}{9}$ $\frac{12}{15}$ $\frac{10}{14}$ $\frac{13}{30}$ $\frac{17}{51}$

## 도전해 보세요

1. 진수와 서연이는 수 카드로 분수 만들기 게임을 합니다. 서연이는 수 카드 중 2장을 골라 진수가 제시한 분수 $\frac{16}{24}$과 크기가 같은 분수를 만들려고 합니다. 서연이가 만들 수 있는 분수를 모두 쓰세요.

| 3 | 4 | 1 | 6 | 2 |
|---|---|---|---|---|

(　　　　　　　　)

2. 분모와 분자의 합이 70이고 약분하면 $\frac{1}{4}$이 되는 분수를 구하세요.

(　　　　　　　　)

# 25 통분하기와 분모가 다른 분수의 크기 비교하기


3-2-4 분수 (분모가 같은 분수의 크기 비교)

5-1-4 약분과 통분 (통분하기와 분모가 다른 분수의 크기 비교하기)

5-1-4 약분과 통분 (분수와 소수의 크기 비교)


## ?! 기억해 볼까요?

1. (2, 3)

   공배수(2개): ________

   최소공배수: ________

2. ○ 안에 $>$, $=$, $<$를 알맞게 써넣으세요.

   $\frac{3}{4}$ ○ $\frac{1}{4}$

## 30초 개념

- 통분: 분수의 분모를 같게 하는 것
- 공통분모: 통분하여서 같게 한 분모

### $\frac{3}{4}$과 $\frac{5}{6}$를 통분하여 분모가 같은 분수로 나타내기

**방법1** 분모의 곱을 공통분모로 하여 통분할 수 있어요.

$$\left(\frac{3}{4}, \frac{5}{6}\right) \Rightarrow \left(\frac{3\times6}{4\times6}, \frac{5\times4}{6\times4}\right) \Rightarrow \left(\frac{18}{24}, \frac{20}{24}\right)$$

← 4와 6의 곱인 24를 공통분모로 하여 통분해요.

**방법2** 분모의 최소공배수를 공통분모로 하여 통분할 수 있어요.

$$\left(\frac{3}{4}, \frac{5}{6}\right) \Rightarrow \left(\frac{3\times3}{4\times3}, \frac{5\times2}{6\times2}\right) \Rightarrow \left(\frac{9}{12}, \frac{10}{12}\right)$$

← 4와 6의 최소공배수인 12를 공통분모로 하여 통분해요.

### $\frac{1}{2}$과 $\frac{2}{3}$의 크기 비교하기

분모가 다른 두 분수의 크기를 비교할 때는 통분하여 분모를 같게 한 다음 분자의 크기를 비교해요.

$$\frac{1}{2}=\frac{1\times3}{2\times3}=\frac{3}{6}$$

$$\frac{2}{3}=\frac{2\times2}{3\times2}=\frac{4}{6}$$

$\frac{3}{6}<\frac{4}{6}$이므로 $\frac{1}{2}<\frac{2}{3}$입니다.

두 분모의 곱을 공통분모로 하여 통분하고 ○ 안에 >, =, <를 알맞게 써넣으세요.

❶ $\left(\frac{2}{3}, \frac{4}{5}\right) \rightarrow \left(\frac{2\times\boxed{5}}{3\times\boxed{5}}, \frac{4\times\boxed{3}}{5\times\boxed{3}}\right) \rightarrow \left(\frac{\square}{\square}, \frac{\square}{\square}\right) \rightarrow \frac{2}{3} \bigcirc \frac{4}{5}$

❷ $\left(\frac{5}{6}, \frac{7}{10}\right) \rightarrow \left(\frac{5\times\square}{6\times\square}, \frac{7\times\square}{10\times\square}\right) \rightarrow \left(\frac{\square}{\square}, \frac{\square}{\square}\right) \rightarrow \frac{5}{6} \bigcirc \frac{7}{10}$

❸ $\left(\frac{5}{12}, \frac{1}{3}\right) \rightarrow \left(\frac{5\times\square}{12\times\square}, \frac{1\times\square}{3\times\square}\right) \rightarrow \left(\frac{\square}{\square}, \frac{\square}{\square}\right) \rightarrow \frac{5}{12} \bigcirc \frac{1}{3}$

두 분모의 최소공배수를 공통분모로 하여 통분하고 ○ 안에 >, =, <를 알맞게 써넣으세요.

❹ $\left(\frac{3}{8}, \frac{5}{12}\right) \rightarrow \left(\frac{3\times\boxed{3}}{8\times\boxed{3}}, \frac{5\times\boxed{2}}{12\times\boxed{2}}\right) \rightarrow \left(\frac{\square}{\square}, \frac{\square}{\square}\right) \rightarrow \frac{3}{8} \bigcirc \frac{5}{12}$

❺ $\left(\frac{3}{5}, \frac{8}{15}\right) \rightarrow \left(\frac{3\times\square}{5\times\square}, \frac{8}{15}\right) \rightarrow \left(\frac{\square}{\square}, \frac{8}{15}\right) \rightarrow \frac{3}{5} \bigcirc \frac{8}{15}$

❻ $\left(\frac{4}{7}, \frac{7}{12}\right) \rightarrow \left(\frac{4\times\square}{7\times\square}, \frac{7\times\square}{12\times\square}\right) \rightarrow \left(\frac{\square}{\square}, \frac{\square}{\square}\right) \rightarrow \frac{4}{7} \bigcirc \frac{7}{12}$

두 분모의 곱을 공통분모로 하여 통분하고 크기를 비교하세요.

1. $\frac{1}{2}$ ○ $\frac{3}{4}$

2. $\frac{5}{6}$ ○ $\frac{7}{8}$

3. $\frac{7}{12}$ ○ $\frac{3}{5}$

4. $\frac{4}{7}$ ○ $\frac{9}{16}$

5. $\frac{7}{10}$ ○ $\frac{16}{21}$

6. $\frac{5}{18}$ ○ $\frac{7}{24}$

두 분모의 최소공배수를 공통분모로 하여 통분하고 크기를 비교해보세요.

7. $\frac{2}{3}$ ○ $\frac{5}{9}$

8. $\frac{5}{6}$ ○ $\frac{13}{15}$

9. $\frac{7}{12}$ ○ $\frac{4}{7}$

10. $\frac{6}{13}$ ○ $\frac{5}{11}$

11. $\frac{9}{14}$ ○ $\frac{25}{42}$

12. $\frac{11}{16}$ ○ $\frac{17}{24}$

**설명해 보세요**

$\frac{3}{4}$과 $\frac{7}{10}$을 여러 가지 방법으로 통분하고 그 과정을 설명해 보세요.

1 두 분수의 크기를 비교하여 더 큰 분수를 빈 곳에 써넣으세요.

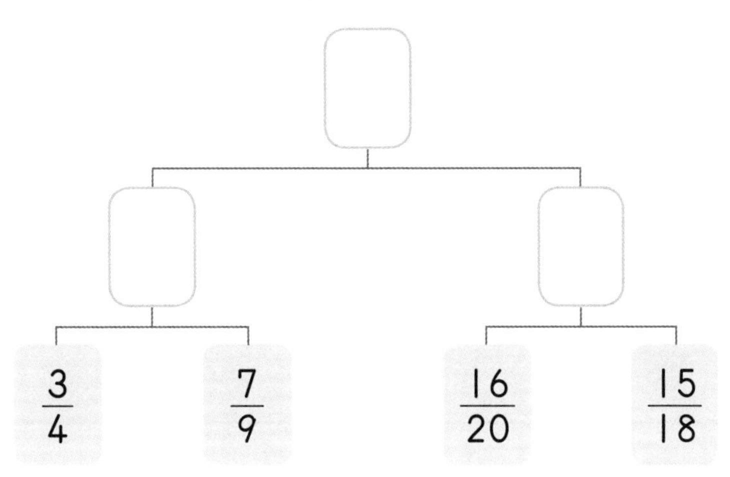


2 두 분수의 크기를 비교하여 더 작은 분수를 빈 곳에 써넣으세요.

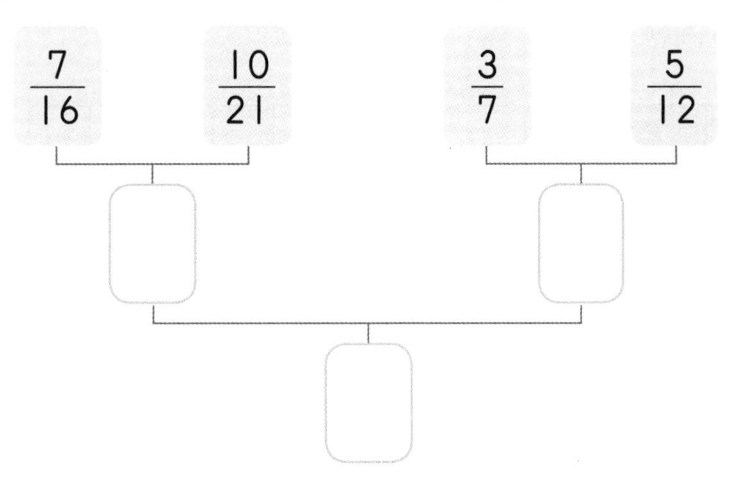


## 도전해 보세요

1 □ 안에 들어갈 수 있는 자연수는 모두 몇 개인가요?

$$\frac{5}{16} > \frac{\square}{24}$$

(　　　　　　　　)

2 □ 안에 들어갈 수 있는 자연수는 모두 몇 개인가요?

$$\frac{7}{15} < \frac{\square}{50} < \frac{4}{5}$$

(　　　　　　　　)

# 26 분모가 다른 진분수의 덧셈

5-1-4
약분과 통분
(통분하기와 분모가 다른 분수의 크기 비교하기)

5-1-6
분수의 덧셈과 뺄셈
(분모가 다른 진분수의 덧셈)

5-1-6
분수의 덧셈과 뺄셈
(분모가 다른 대분수의 덧셈)

## 기억해 볼까요?

통분을 하세요.

❶ $\left(\frac{6}{9}, \frac{1}{6}\right) \Rightarrow \left(\frac{\square}{18}, \frac{\square}{18}\right)$

❷ $\left(\frac{3}{10}, \frac{4}{25}\right) \Rightarrow \left(\frac{\square}{50}, \frac{\square}{50}\right)$

## 30초 개념

분모가 다른 두 분수의 덧셈은 분모를 통분한 후 계산해요.

$\frac{3}{4}+\frac{1}{6}$의 계산

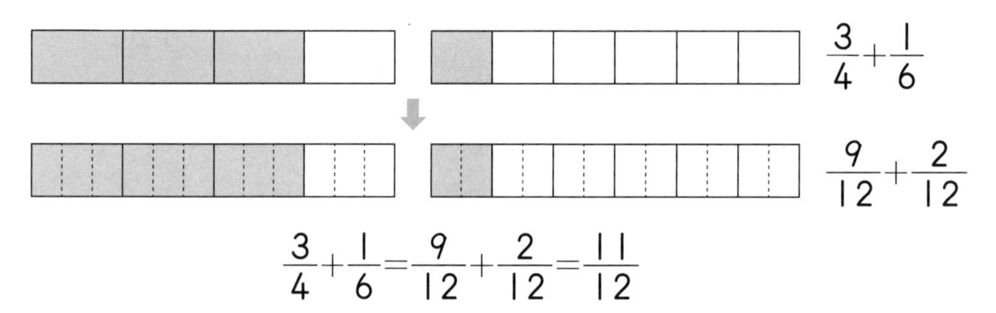


$$\frac{3}{4}+\frac{1}{6}=\frac{9}{12}+\frac{2}{12}=\frac{11}{12}$$

방법1 두 분모의 곱으로 통분하여 계산해요.

$$\frac{3}{4}+\frac{1}{6}=\frac{3\times6}{4\times6}+\frac{1\times4}{6\times4}=\frac{18}{24}+\frac{4}{24}=\frac{\overset{11}{\cancel{22}}}{\underset{12}{\cancel{24}}}=\frac{11}{12}$$

방법2 두 분모의 최소공배수로 통분하여 계산해요.

$$\frac{3}{4}+\frac{1}{6}=\frac{3\times3}{4\times3}+\frac{1\times2}{6\times2}=\frac{9}{12}+\frac{2}{12}=\frac{11}{12}$$

덧셈의 결과는 기약분수로 만들어요.

두 분모의 곱을 공통분모로 하여 통분하고 계산하세요.

❶ $\frac{1}{2}+\frac{1}{5}=\frac{1\times 5}{2\times 5}+\frac{1\times 2}{5\times 2}=\frac{\square}{10}+\frac{\square}{10}=\square$

❷ $\frac{2}{3}+\frac{2}{7}=\frac{2\times \square}{3\times \square}+\frac{2\times \square}{7\times \square}=\frac{\square}{21}+\frac{\square}{21}=\square$

❸ $\frac{1}{6}+\frac{7}{9}=\frac{1\times \square}{6\times \square}+\frac{7\times \square}{9\times \square}=\frac{\square}{54}+\frac{\square}{54}=\frac{\square}{\square}=\square$

계산 결과를 기약분수로 만들어요.

두 분모의 최소공배수를 공통분모로 하여 통분하고 계산하세요.

❹ $\frac{5}{12}+\frac{1}{18}=\frac{5\times 3}{12\times 3}+\frac{1\times 2}{18\times 2}=\frac{\square}{36}+\frac{\square}{36}=\square$

❺ $\frac{3}{5}+\frac{2}{15}=\frac{3\times \square}{5\times \square}+\frac{2}{15}=\frac{\square}{15}+\frac{2}{15}=\square$

❻ $\frac{3}{16}+\frac{5}{24}=\frac{3\times \square}{16\times \square}+\frac{5\times \square}{24\times \square}=\frac{\square}{48}+\frac{\square}{48}=\square$

## 개념 다지기

분수의 덧셈을 하세요.

계산 결과는 기약분수로 만들어요.

❶ $\frac{1}{3}+\frac{2}{5}=$

❷ $\frac{4}{5}+\frac{3}{10}=$

❸ $\frac{3}{8}+\frac{5}{12}=$

❹ $\frac{4}{7}+\frac{3}{12}=$

❺ $\frac{5}{9}+\frac{4}{15}=$

❻ $\frac{3}{4}+\frac{7}{12}=$

❼ $\frac{2}{11}+\frac{4}{9}=$

❽ $\frac{1}{42}+\frac{5}{14}=$

❾ $\frac{4}{15}+\frac{3}{10}=$

❿ $\frac{7}{10}+\frac{3}{4}=$

⓫ $\frac{3}{66}+\frac{5}{11}=$

⓬ $\frac{4}{9}+\frac{3}{5}=$

### 설명해 보세요

$\frac{5}{6}+\frac{3}{8}$을 여러 가지 방법으로 계산하고 그 과정을 설명해 보세요.

1 두 분수의 합을 빈 곳에 써넣으세요.

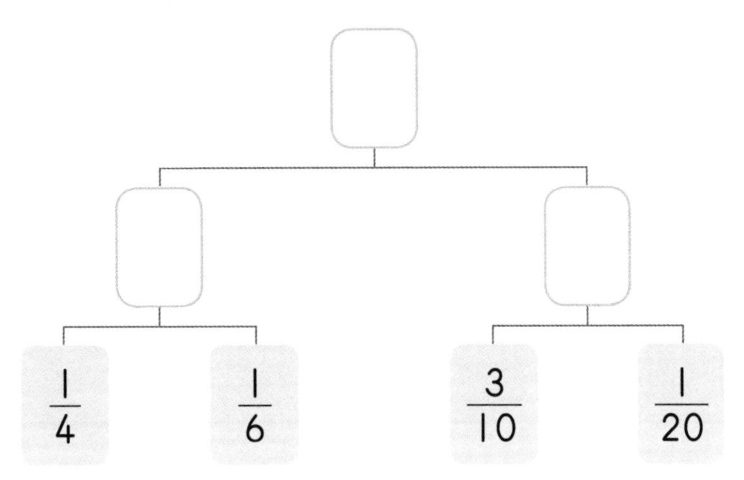


2 빈칸에 알맞은 수를 써넣으세요.

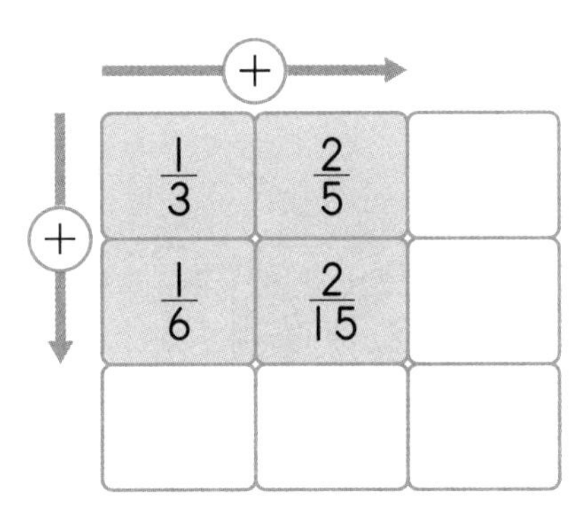


## 도전해 보세요

1 진희, 서윤, 도현이가 분수 만들기 놀이를 하고 있습니다. 서윤이와 도현이가 만든 분수를 각각 구하세요.

> 진희: 내가 만든 분수는 $\frac{5}{24}$야.
>
> 서윤: 나는 진희보다 $\frac{1}{6}$이 더 큰 분수야.
>
> 도현: 나는 서윤이보다 $\frac{1}{5}$이 더 큰 분수야.

서윤 (　　　　　) 도현 (　　　　　)

2 □ 안에 들어갈 수 있는 자연수를 모두 구하세요.

$$\frac{\square}{8}+\frac{5}{12}<1$$

(　　　　　　　　　　)

# 27 분모가 다른 대분수의 덧셈



## 기억해 볼까요?

분수의 덧셈을 하세요.

① $\frac{2}{7}+\frac{3}{4}=$

② $\frac{4}{5}+\frac{3}{8}=$

③ $\frac{1}{4}+\frac{1}{6}=$

④ $\frac{1}{5}+\frac{4}{15}=$

## 30초 개념

분모가 다른 대분수의 덧셈은 통분한 후 자연수는 자연수끼리, 분수는 분수끼리 더해요. 대분수를 가분수로 고쳐서 계산할 수도 있어요.

$1\frac{1}{2}+2\frac{2}{5}$의 계산

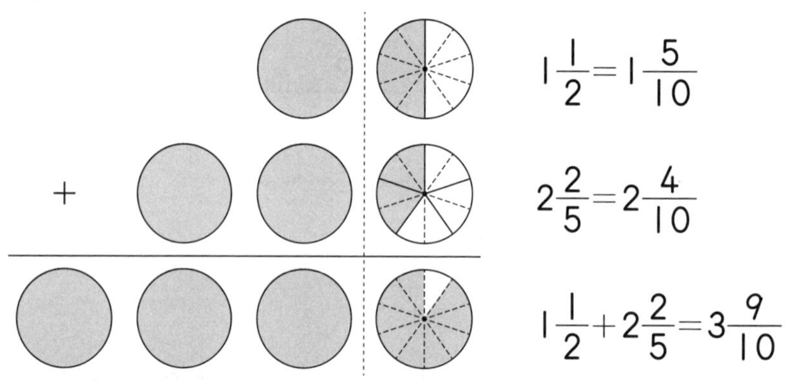

$1\frac{1}{2}=1\frac{5}{10}$

$2\frac{2}{5}=2\frac{4}{10}$

$1\frac{1}{2}+2\frac{2}{5}=3\frac{9}{10}$

방법1 자연수는 자연수끼리, 분수는 분수끼리 더해요.

$$1\frac{1}{2}+2\frac{2}{5}=1\frac{1\times5}{2\times5}+2\frac{2\times2}{5\times2}=1\frac{5}{10}+2\frac{4}{10}$$
$$=(1+2)+\left(\frac{5}{10}+\frac{4}{10}\right)=3+\frac{9}{10}=3\frac{9}{10}$$

방법2 대분수를 가분수로 바꾸어 더해요.

$$1\frac{1}{2}+2\frac{2}{5}=\frac{3}{2}+\frac{12}{5}=\frac{3\times5}{2\times5}+\frac{12\times2}{5\times2}=\frac{15}{10}+\frac{24}{10}$$
$$=\frac{39}{10}=3\frac{9}{10}$$

자연수는 자연수끼리, 분수는 분수끼리 계산하세요.

1. $1\frac{2}{5}+2\frac{1}{6}=1\frac{2\times\square}{5\times\square}+2\frac{1\times\square}{6\times\square}=1\frac{\square}{30}+2\frac{\square}{30}$

$=(1+2)+\left(\frac{\square}{30}+\frac{\square}{30}\right)=3+\frac{\square}{30}=\square$

(1+2) → 자연수끼리, 괄호 안 → 분수끼리

2. $2\frac{5}{12}+3\frac{7}{24}=2\frac{\square}{24}+3\frac{\square}{24}=(2+3)+\left(\frac{\square}{24}+\frac{\square}{24}\right)$

$=5+\frac{\square}{24}=\square$

진분수의 합이
가분수일 땐
대분수로 만들어 줘!

3. $2\frac{5}{8}+2\frac{7}{10}=2\frac{\square}{40}+2\frac{\square}{40}=(2+2)+\left(\frac{\square}{40}+\frac{\square}{40}\right)$

$=4+\frac{\square}{40}=4+\square\frac{\square}{\square}=\square$

대분수를 가분수로 바꾸어 계산하세요.

4. $3\frac{1}{3}+2\frac{2}{9}=\frac{\square}{3}+\frac{\square}{9}=\frac{\square\times\square}{3\times\square}+\frac{\square}{9}$

대분수를 가분수로

$=\frac{\square}{9}+\frac{\square}{9}=\frac{\square}{9}=\square$

5. $3\frac{5}{12}+1\frac{13}{18}=\frac{\square}{12}+\frac{\square}{18}=\frac{\square}{36}+\frac{\square}{36}=\frac{\square}{36}=\square$

## 개념 다지기

분수의 덧셈을 하세요.

❶ $1\frac{1}{3}+2\frac{3}{4}=$

❷ $3\frac{2}{5}+2\frac{3}{7}=$

❸ $3\frac{2}{3}+2\frac{4}{5}=$

❹ $4\frac{3}{4}+2\frac{5}{6}=$

❺ $3\frac{5}{12}+4\frac{5}{8}=$

❻ $1\frac{2}{7}+3\frac{4}{9}=$

❼ $2\frac{1}{3}+3\frac{1}{5}=$

❽ $1\frac{3}{4}+2\frac{4}{7}=$

❾ $3\frac{2}{3}+1\frac{1}{7}=$

❿ $5\frac{3}{8}+2\frac{2}{5}=$

⓫ $1\frac{2}{11}+3\frac{2}{5}=$

⓬ $1\frac{3}{10}+2\frac{4}{15}=$

### 설명해 보세요

$1\frac{3}{4}+2\frac{5}{6}$를 여러 가지 방법으로 계산하고 그 과정을 설명해 보세요.

계산 결과를 비교하여 ○ 안에 >, =, <를 알맞게 써넣으세요.

1 $2\frac{3}{4}+1\frac{1}{3}$ ○ $1\frac{1}{4}+2\frac{4}{5}$

2 $1\frac{5}{6}+1\frac{3}{4}$ ○ $2\frac{1}{3}+1\frac{2}{5}$

3 $3\frac{2}{5}+2\frac{3}{4}$ ○ $1\frac{1}{4}+5\frac{6}{7}$

4 $\frac{1}{4}+3\frac{5}{6}$ ○ $1\frac{1}{3}+2\frac{1}{2}$

5 두 분수의 합을 빈 곳에 써넣으세요.

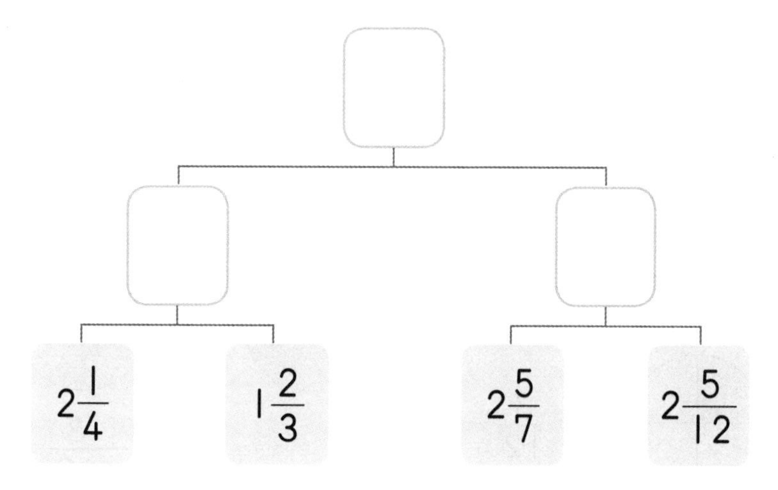

## 도전해 보세요

1 재경이가 3단 멀리뛰기를 하는데 처음에는 $4\frac{4}{5}$ m를 뛰고 두 번째에는 $3\frac{2}{3}$ m, 세 번째에는 $2\frac{1}{4}$ m를 뛰었습니다. 재경이가 뛴 거리는 모두 몇 m인가요?

(　　　　　　　　)

2 □ 안에 들어갈 수 있는 자연수를 모두 구하세요.

$$4\frac{\square}{10}<1\frac{3}{4}+2\frac{4}{5}$$

(　　　　　　　　)

# 28 분모가 다른 진분수의 뺄셈



## 기억해 볼까요?

분수의 덧셈과 뺄셈을 하세요.

① $\frac{5}{6}+\frac{1}{4}=$

② $\frac{4}{5}-\frac{3}{5}=$

## 30초 개념

분모가 다른 진분수의 뺄셈은 분모를 통분한 후 계산해요.

$\frac{5}{6}-\frac{1}{4}$의 계산

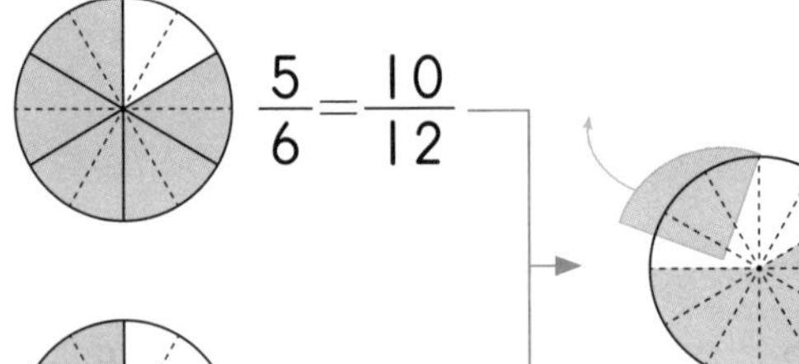

$\frac{5}{6}=\frac{10}{12}$

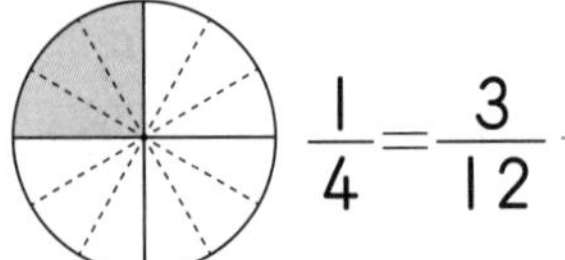

$\frac{1}{4}=\frac{3}{12}$

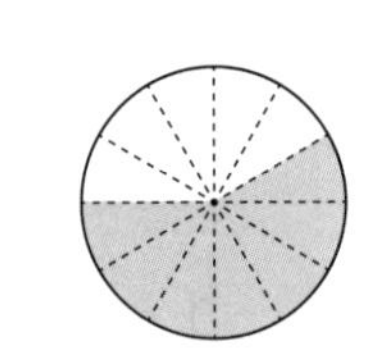

$\frac{10}{12}-\frac{3}{12}=\frac{7}{12}$

방법1 두 분모의 곱으로 통분하여 계산해요.

$$\frac{5}{6}-\frac{1}{4}=\frac{5\times4}{6\times4}-\frac{1\times6}{4\times6}=\frac{20}{24}-\frac{6}{24}=\frac{\overset{7}{\cancel{14}}}{\underset{12}{\cancel{24}}}=\frac{7}{12}$$

방법2 두 분모의 최소공배수로 통분하여 계산해요.

$$\frac{5}{6}-\frac{1}{4}=\frac{5\times2}{6\times2}-\frac{1\times3}{4\times3}=\frac{10}{12}-\frac{3}{12}=\frac{7}{12}$$

월 일 ☆☆☆☆☆

□ 안에 알맞은 수를 써넣으세요.

① $\frac{5}{6}-\frac{2}{3}=\frac{5}{6}-\frac{\square}{6}=\frac{\square}{6}$

② $\frac{7}{9}-\frac{1}{5}=\frac{\square}{45}-\frac{\square}{45}=\square$

③ $\frac{7}{12}-\frac{5}{16}=\frac{\square}{48}-\frac{\square}{48}=\square$

④ $\frac{6}{7}-\frac{1}{4}=\frac{\square}{28}-\frac{\square}{28}=\square$

⑤ $\frac{9}{16}-\frac{7}{20}=\frac{\square}{80}-\frac{\square}{80}=\square$

⑥ $\frac{11}{14}-\frac{2}{5}=\frac{\square}{70}-\frac{\square}{70}=\square$

⑦ $\frac{17}{20}-\frac{7}{15}=\frac{\square}{60}-\frac{\square}{60}=\square$

⑧ $\frac{12}{13}-\frac{15}{52}=\frac{\square}{52}-\frac{\square}{52}=\square$

⑨ $\frac{13}{15}-\frac{1}{2}=\frac{\square}{30}-\frac{\square}{30}=\square$

⑩ $\frac{41}{45}-\frac{17}{30}=\frac{\square}{90}-\frac{\square}{90}=\square$

## 분수의 뺄셈을 하세요.

① $\frac{3}{4}-\frac{2}{3}=$

② $\frac{5}{12}-\frac{2}{5}=$

③ $\frac{3}{8}-\frac{1}{4}=$

④ $\frac{2}{3}-\frac{4}{9}=$

계산 결과는 기약분수로 만들어요.

⑤ $\frac{4}{8}-\frac{5}{12}=$

⑥ $\frac{7}{10}-\frac{2}{15}=$

⑦ $\frac{12}{13}-\frac{4}{7}=$

⑧ $\frac{10}{11}-\frac{3}{8}=$

⑨ $\frac{5}{12}-\frac{1}{6}=$

⑩ $\frac{7}{10}-\frac{13}{30}=$

⑪ $\frac{17}{20}-\frac{9}{25}=$

⑫ $\frac{4}{9}-\frac{1}{15}=$

### 설명해 보세요

$\frac{3}{4}-\frac{1}{6}$을 여러 가지 방법으로 계산하고 그 과정을 설명해 보세요.

## 개념 키우기

1 차가 가장 큰 두 분수를 찾아 쓰세요.

$\frac{1}{3}$ $\frac{5}{12}$ $\frac{4}{5}$ $\frac{7}{10}$

(　　　　　　　　)

2 차가 가장 작은 두 분수를 찾아 쓰세요.

$\frac{5}{6}$ $\frac{2}{5}$ $\frac{5}{9}$ $\frac{7}{12}$

(　　　　　　　　)

## 도전해 보세요

1 병에 오렌지주스 $\frac{8}{9}$ L가 들어 있습니다. 오렌지주스를 컵에 $\frac{1}{4}$ L씩 두 잔 따랐다면 병에 남은 오렌지주스는 몇 L일까요?

(　　　　　　　　)

2 구슬 ㉮, ㉯, ㉰, ㉱를 저울에 그림과 같이 올렸더니 수평을 이루었습니다. 구슬 ㉮, ㉯, ㉰의 무게가 다음과 같을 때, 구슬 ㉱의 무게는 몇 g인지 구하세요.

| 구슬 | ㉮ | ㉯ | ㉰ | ㉱ |
|---|---|---|---|---|
| 무게 (g) | $\frac{3}{7}$ | $\frac{2}{5}$ | $\frac{3}{10}$ | |

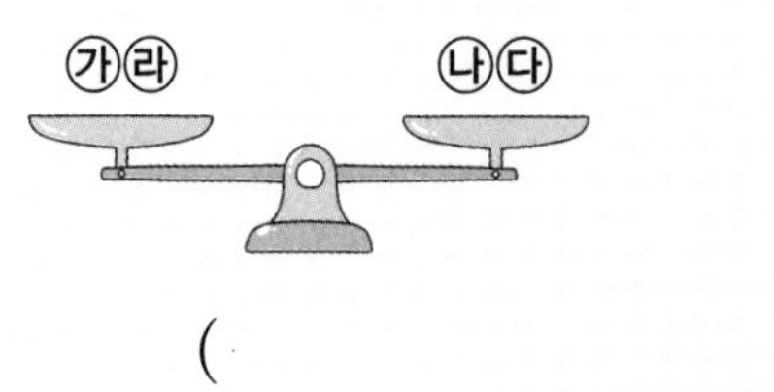


(　　　　　　　　)

# 29 분모가 다른 대분수의 뺄셈 (1)

5-1-6
분수의 덧셈과 뺄셈
(분모가 다른 대분수의 덧셈)

5-1-6
분수의 덧셈과 뺄셈
(분모가 다른 대분수의 뺄셈 (1))

5-1-6
분수의 덧셈과 뺄셈
(분모가 다른 대분수의 뺄셈 (2))

## ?! 기억해 볼까요?

분수의 덧셈과 뺄셈을 하세요.

① $2\frac{2}{5}+1\frac{1}{3}=$

② $\frac{4}{7}-\frac{1}{4}=$

## 30초 개념

분모가 다른 대분수의 뺄셈은 통분한 후 자연수는 자연수끼리, 분수는 분수끼리 빼요. 대분수를 가분수로 고쳐서 계산할 수도 있어요.

$1\frac{4}{5}-1\frac{1}{2}$의 계산

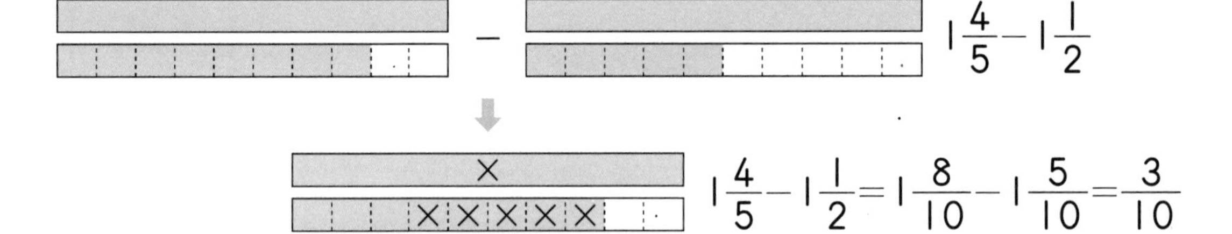

$1\frac{4}{5}-1\frac{1}{2}=1\frac{8}{10}-1\frac{5}{10}=\frac{3}{10}$

방법1 자연수는 자연수끼리 분수는 분수끼리 빼요.

$$1\frac{4}{5}-1\frac{1}{2}=1\frac{4\times2}{5\times2}-1\frac{1\times5}{2\times5}=1\frac{8}{10}-1\frac{5}{10}$$

$$=(1-1)+\left(\frac{8}{10}-\frac{5}{10}\right)=\frac{3}{10}$$

방법2 대분수를 가분수로 바꾸어 빼요.

$$1\frac{4}{5}-1\frac{1}{2}=\frac{9}{5}-\frac{3}{2}=\frac{9\times2}{5\times2}-\frac{3\times5}{2\times5}=\frac{18}{10}-\frac{15}{10}=\frac{3}{10}$$

자연수는 자연수끼리, 분수는 분수끼리 계산하세요.

1. $2\frac{1}{2}-1\frac{1}{3}=2\frac{\square}{6}-1\frac{\square}{6}=(2-1)+\left(\frac{\square}{6}-\frac{\square}{6}\right)$

자연수끼리 / 분수끼리

$=1+\frac{\square}{6}=\square$

계산 결과는 기약분수로 만들어요.

2. $4\frac{7}{12}-2\frac{1}{4}=4\frac{7}{12}-2\frac{\square}{12}=(4-2)+\left(\frac{7}{12}-\frac{\square}{12}\right)$

$=2+\frac{\square}{12}=\square\frac{\square}{\square}=\square$

3. $3\frac{9}{10}-1\frac{7}{15}=3\frac{\square}{30}-1\frac{\square}{30}=(3-1)+\left(\frac{\square}{30}-\frac{\square}{30}\right)$

$=2+\frac{\square}{30}=\square$

대분수를 가분수로 바꾸어 계산하세요.

4. $2\frac{20}{21}-1\frac{3}{7}=\frac{\square}{21}-\frac{\square}{7}=\frac{\square}{21}-\frac{\square}{21}=\frac{\square}{21}=\square$

대분수를 가분수로

5. $3\frac{7}{8}-2\frac{4}{5}=\frac{\square}{8}-\frac{\square}{5}=\frac{\square}{40}-\frac{\square}{40}=\frac{\square}{40}=\square$

6. $2\frac{5}{6}-1\frac{3}{4}=\frac{\square}{6}-\frac{\square}{4}=\frac{\square}{12}-\frac{\square}{12}=\frac{\square}{12}=\square$

## 분수의 뺄셈을 하세요.

① $2\frac{2}{3}-1\frac{1}{4}=$

② $4\frac{4}{5}-2\frac{3}{4}=$

계산 결과는
기약분수로 만들어요.

③ $3\frac{5}{12}-2\frac{1}{10}=$

④ $4\frac{4}{8}-1\frac{1}{12}=$

⑤ $5\frac{7}{9}-2\frac{2}{3}=$

⑥ $1\frac{4}{12}-1\frac{1}{6}=$

⑦ $4\frac{3}{13}-3\frac{1}{7}=$

⑧ $2\frac{5}{11}-1\frac{1}{4}=$

⑨ $3\frac{3}{14}-1\frac{4}{35}=$

⑩ $5\frac{13}{24}-2\frac{5}{18}=$

⑪ $3\frac{7}{16}-1\frac{1}{30}=$

⑫ $6\frac{14}{23}-4\frac{21}{92}=$

### 설명해 보세요

$5\frac{3}{4}-2\frac{1}{6}$을 여러 가지 방법으로 계산하고 그 과정을 설명해 보세요.

관계있는 것끼리 선으로 이어 보세요.

| | |
|---|---|
| $2\frac{3}{10}-1\frac{1}{5}$ • | • $1\frac{1}{14}$ |
| $4\frac{4}{7}-3\frac{1}{2}$ • | • $2\frac{9}{20}$ |
| $3\frac{3}{4}-1\frac{3}{10}$ • | • $2\frac{3}{28}$ |
| $4\frac{9}{28}-2\frac{3}{14}$ • | • $1\frac{1}{10}$ |

## 도전해 보세요

1. 무게가 $5\frac{8}{9}$ kg인 수박을 지원이가 $1\frac{1}{4}$ kg, 영훈이가 $1\frac{1}{3}$ kg 먹었습니다. 남은 수박의 무게는 몇 kg일까요?

   (　　　　　　　　)

2. 어떤 수에서 $1\frac{2}{9}$를 빼야 할 것을 잘못하여 $2\frac{3}{8}$을 더했더니 $4\frac{11}{12}$이 되었습니다. 바르게 계산하면 얼마인가요?

   (　　　　　　　　)

# 30 분모가 다른 대분수의 뺄셈 (2)



## ?! 기억해 볼까요?

분수의 뺄셈을 하세요.

1. $\frac{5}{6}-\frac{3}{5}=$

2. $3\frac{3}{4}-1\frac{1}{2}=$

## 30초 개념

분모가 다른 대분수의 뺄셈에서 분수 부분끼리 뺄셈을 할 수 없으면 빼어지는 대분수의 자연수에서 1만큼을 가분수로 바꾸어 빼요.

$3\frac{1}{2}-1\frac{2}{3}$의 계산

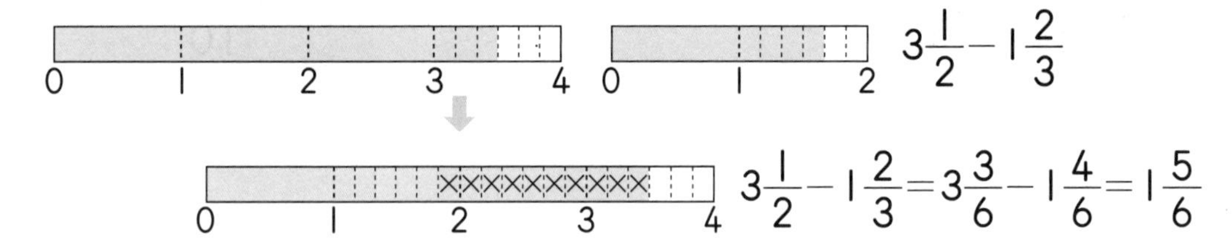


방법1 빼어지는 대분수의 자연수에서 1만큼을 가분수로 바꾸어 자연수는 자연수끼리, 분수는 분수끼리 빼요.

$$3\frac{1}{2}-1\frac{2}{3}=3\frac{3}{6}-1\frac{4}{6}=2\frac{9}{6}-1\frac{4}{6}=(2-1)+\left(\frac{9}{6}-\frac{4}{6}\right)$$

1만큼을 분수로 바꾸어요.

$$=1+\frac{5}{6}=1\frac{5}{6}$$

방법2 대분수를 가분수로 바꾸어 빼요.

$$3\frac{1}{2}-1\frac{2}{3}=\frac{7}{2}-\frac{5}{3}=\frac{21}{6}-\frac{10}{6}=\frac{11}{6}=1\frac{5}{6}$$

대분수 → 가분수

자연수는 자연수끼리, 분수는 분수끼리 계산하세요.

1만큼을 가분수로 나타내요.

1. $2\frac{1}{2}-1\frac{6}{7}=2\frac{\square}{14}-1\frac{\square}{14}=1\frac{\square}{14}-1\frac{\square}{14}$

$=(1-1)+\left(\frac{\square}{14}-\frac{\square}{14}\right)=\frac{\square}{14}$

2. $5\frac{5}{18}-1\frac{11}{12}=5\frac{\square}{36}-1\frac{\square}{36}=4\frac{\square}{36}-1\frac{\square}{36}$

$=(4-1)+\left(\frac{\square}{36}-\frac{\square}{36}\right)=\square$

3. $6\frac{3}{20}-3\frac{7}{10}=6\frac{3}{20}-3\frac{\square}{20}=5\frac{\square}{20}-3\frac{\square}{20}$

$=(5-3)+\left(\frac{\square}{20}-\frac{\square}{20}\right)=\square$

대분수를 가분수로 바꾸어 계산하세요.

4. $4\frac{2}{9}-2\frac{4}{5}=\frac{\square}{9}-\frac{\square}{5}=\frac{\square}{45}-\frac{\square}{45}=\frac{\square}{45}=\square$

대분수 → 가분수

5. $7\frac{5}{12}-5\frac{5}{6}=\frac{\square}{12}-\frac{\square}{6}=\frac{\square}{12}-\frac{\square}{12}=\frac{\square}{12}=\square$

6. $2\frac{5}{6}-1\frac{3}{4}=\frac{\square}{6}-\frac{\square}{4}=\frac{\square}{12}-\frac{\square}{12}=\frac{\square}{12}=\square$

분수의 뺄셈을 하세요.

① $3\frac{1}{4}-1\frac{3}{5}=$

② $5\frac{2}{3}-3\frac{7}{8}=$

계산 결과는 기약분수로 만들어요.

③ $2\frac{1}{10}-1\frac{4}{15}=$

④ $4\frac{2}{6}-1\frac{5}{8}=$

⑤ $4\frac{2}{9}-2\frac{2}{3}=$

⑥ $3\frac{4}{15}-1\frac{4}{5}=$

⑦ $4\frac{1}{7}-3\frac{3}{5}=$

⑧ $3\frac{1}{10}-2\frac{1}{3}=$

⑨ $5\frac{2}{20}-3\frac{7}{15}=$

⑩ $3\frac{1}{12}-1\frac{7}{10}=$

⑪ $6\frac{2}{7}-3\frac{5}{14}=$

⑫ $7\frac{3}{10}-4\frac{23}{30}=$

설명해 보세요

$5\frac{1}{4}-2\frac{5}{6}$를 여러 가지 방법으로 계산하고 그 과정을 설명해 보세요.

관계있는 것끼리 선으로 이어 보세요.

| | |
|---|---|
| $3\frac{1}{12}-1\frac{2}{5}$ • | • $2\frac{13}{24}$ |
| $4\frac{2}{5}-2\frac{7}{10}$ • | • $\frac{13}{21}$ |
| $6\frac{1}{6}-3\frac{5}{8}$ • | • $1\frac{41}{60}$ |
| $5\frac{2}{7}-4\frac{2}{3}$ • | • $1\frac{7}{10}$ |

① 길이가 각각 $4\frac{1}{10}$ cm, $5\frac{2}{5}$ cm인 두 종이테이프를 겹쳐 붙였더니 $8\frac{8}{15}$ cm가 되었습니다. 겹쳐진 부분의 길이는 몇 cm일까요?

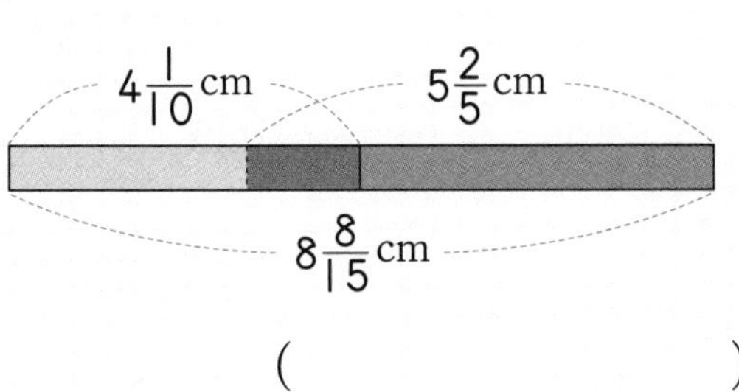


(　　　　　　　)

② □ 안에 들어갈 수 있는 자연수를 모두 구하세요.

$$7\frac{2}{25}-1\frac{7}{10}<\square<10\frac{1}{7}$$

(　　　　　　　)

# 1~6학년 연산 개념연결 지도

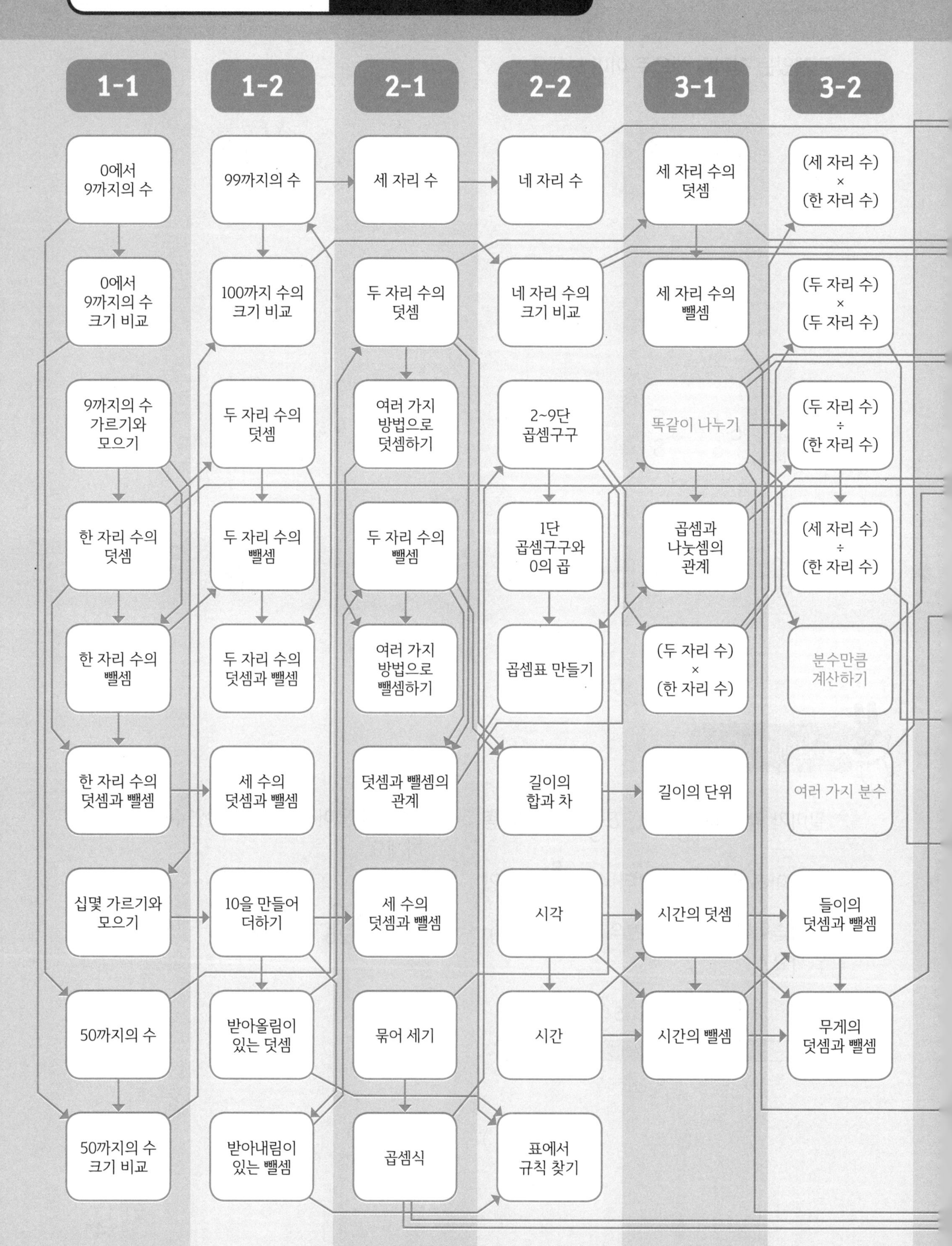

★ 연산 개념연결 지도는 비아북 블로그에서 다운로드받을 수 있습니다. blog.naver.com/viabook/221764401368 ★

개념 연결

# 분수의 발견

## 덧셈과 뺄셈

### 정답과 풀이

## 01 똑같이 나누기

기억해 볼까요? ······ 12쪽

2개

개념 익히기 ······ 13쪽

1 ○　2 ×　3 ○
4 ×　5 ○　6 ○
7 4　8 6　9 8
10 4　11 6　12 8

개념 다지기 ······ 14쪽

1 예　2 예　3 예
4 예　5 예　6 예
7 예　8　9 예

설명해 보세요

정사각형을 4개로 나누었지만 크기와 모양이 똑같지 않기 때문에 $\frac{1}{4}$이라고 할 수 없습니다.

개념 키우기 ······ 15쪽

1~3 예

4~6 예

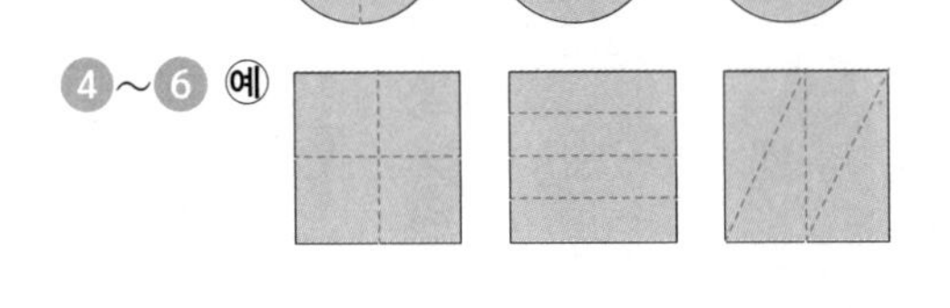

도전해 보세요 ······ 15쪽

1 예

2 예

1 모양 조각 3개로 만들 수 있습니다.
2 모양 조각 12개로 만들 수 있습니다.

## 02 전체와 부분의 관계를 분수로 나타내기

기억해 볼까요? ······ 16쪽

( ○ ) ( × ) ( ○ )

개념 익히기 ······ 17쪽

1 2, 1; $\frac{1}{2}$　2 3, 2; $\frac{2}{3}$
3 3, 1; $\frac{1}{3}$　4 6, 4; $\frac{4}{6}$
5 4, 1; $\frac{1}{4}$　6 8, 7; $\frac{7}{8}$
7 예 ; $\frac{1}{4}$　8 예 ; $\frac{3}{5}$

개념 다지기 ······ 18쪽

1 $\frac{3}{4}$; 4분의 3

2 $\frac{3}{10}$; 10분의 3

3 $\frac{5}{6}$; 6분의 5

④ $\frac{2}{4}$; 4분의 2

⑤ $\frac{2}{6}$; 6분의 2

⑥ $\frac{4}{9}$; 9분의 4

⑦ $\frac{2}{3}$; 3분의 2

⑧ $\frac{4}{8}$; 8분의 4

**설명해 보세요**

색칠한 부분은 전체를 똑같이 8로 나눈 것 중의 4이므로 $\frac{4}{8}$라고 할 수 있습니다.

**개념 키우기** 19쪽

① 예 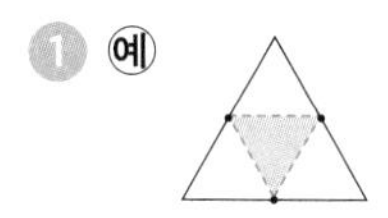

② 예 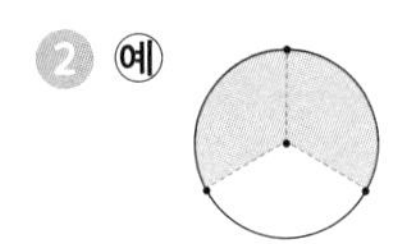

③ 예 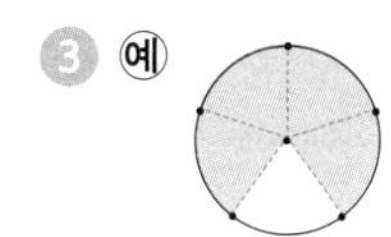

④ 예 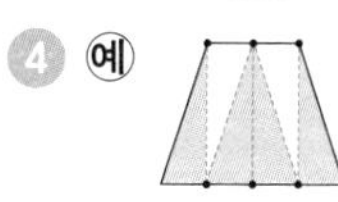

**도전해 보세요** 19쪽

$\frac{1}{16}$

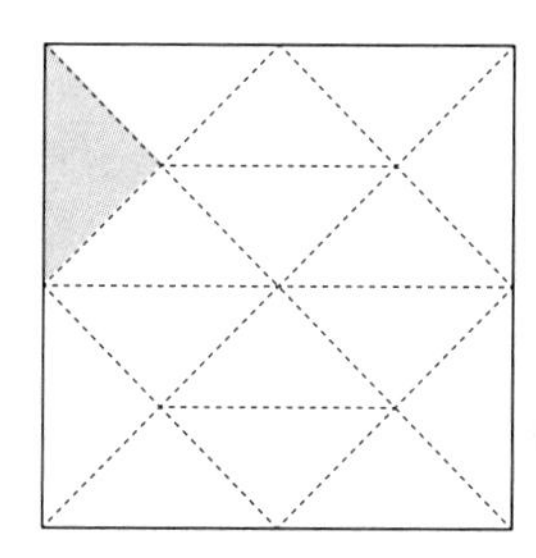

위 그림과 같이 모양 조각을 색칠한 부분과 같은 크기로 똑같이 나누면 모두 16조각으로 나눌 수 있습니다. 따라서 색칠한 부분은 전체 16개 중 1개이므로 $\frac{1}{16}$입니다.

## 03 분모가 같은 진분수의 크기 비교하기

**기억해 볼까요?** 20쪽

① $\frac{2}{3}$; 3분의 2　② $\frac{1}{4}$; 4분의 1

**개념 익히기** 21쪽

① 예 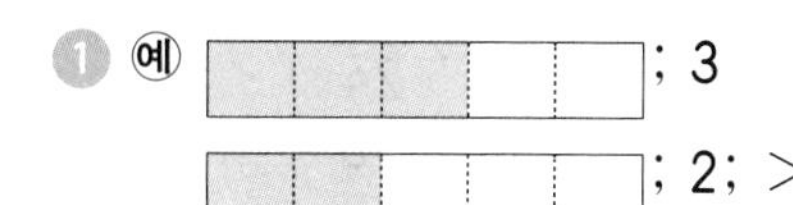
; 3
; 2; >

② 예 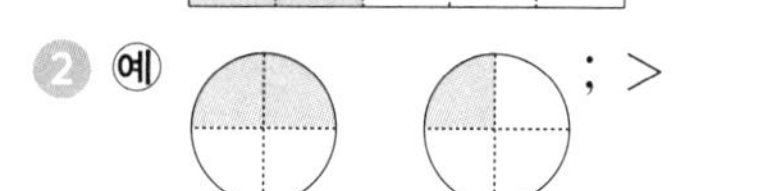 ; >

③ 예 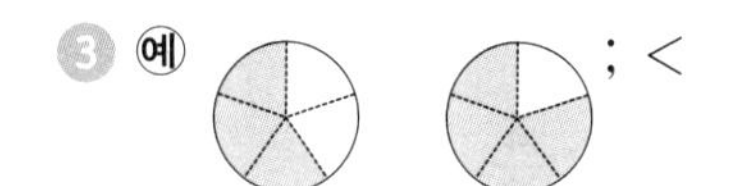 ; <

④ 예 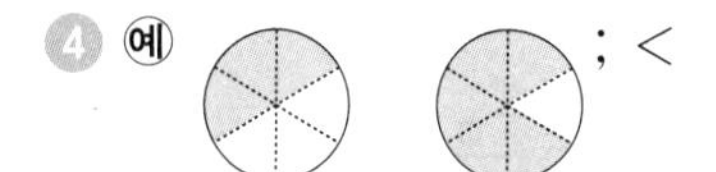 ; <

⑤ 예 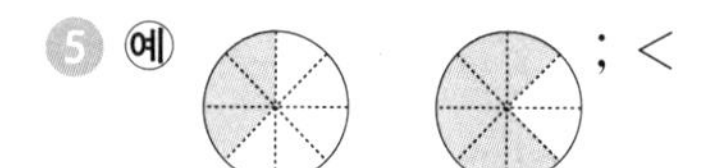 ; <

⑥ 예 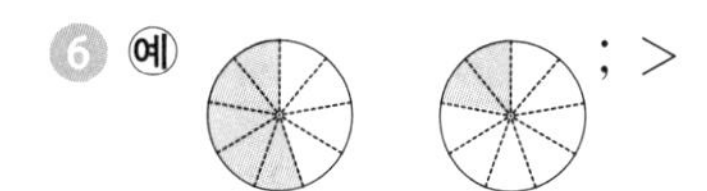 ; >

⑦ 예 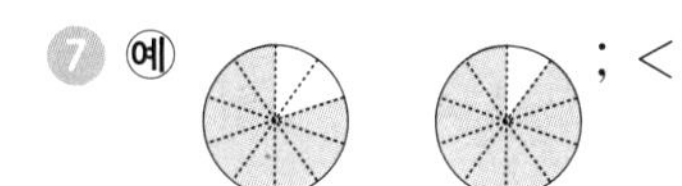 ; <

**개념 다지기** 22쪽

① >　② >
③ =　④ >
⑤ >　⑥ <
⑦ <　⑧ >
⑨ <　⑩ =
⑪ >　⑫ >

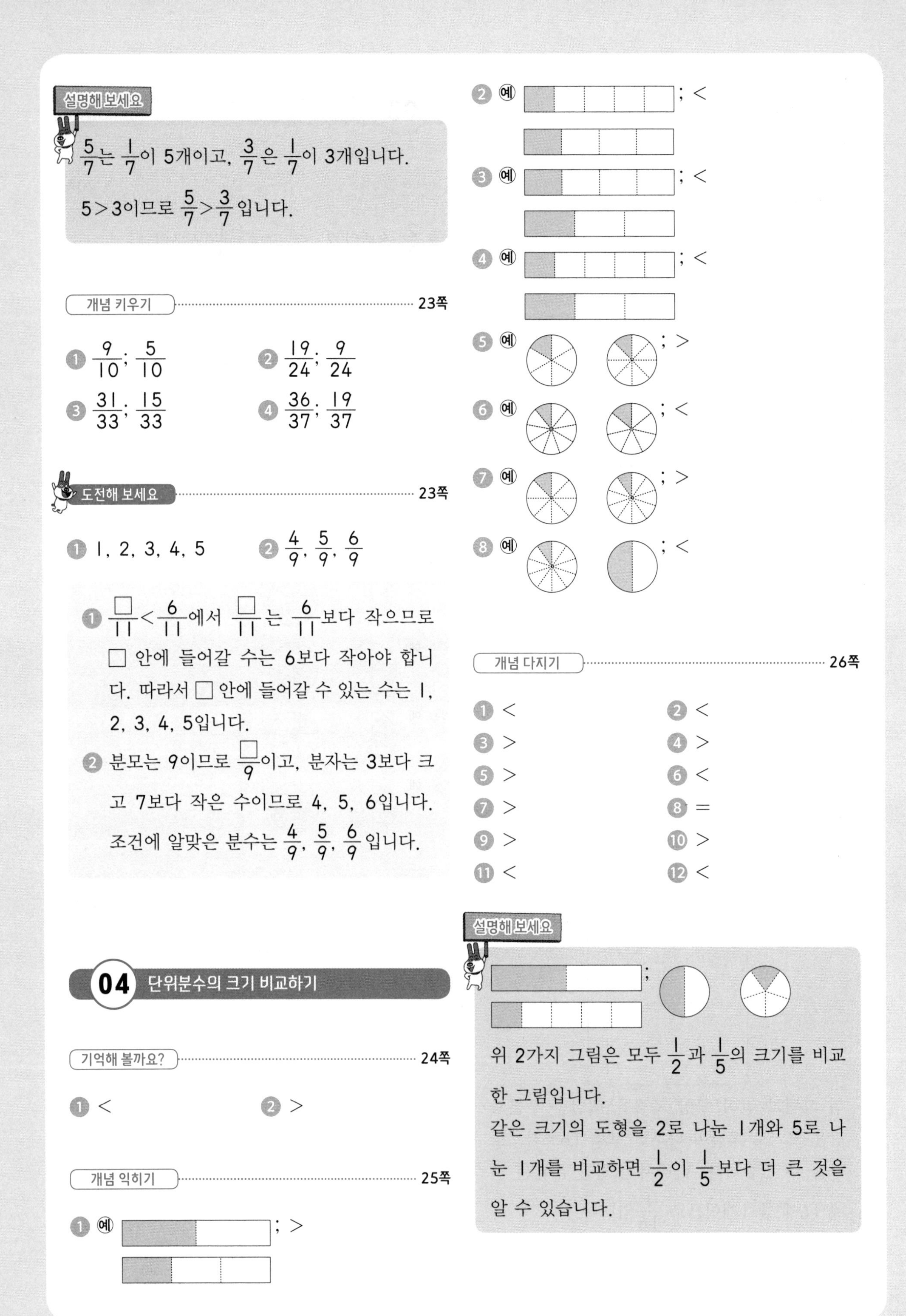

설명해 보세요

$\frac{5}{7}$는 $\frac{1}{7}$이 5개이고, $\frac{3}{7}$은 $\frac{1}{7}$이 3개입니다.

5>3이므로 $\frac{5}{7}>\frac{3}{7}$입니다.

개념 키우기 ······ 23쪽

① $\frac{9}{10}$; $\frac{5}{10}$　② $\frac{19}{24}$; $\frac{9}{24}$

③ $\frac{31}{33}$; $\frac{15}{33}$　④ $\frac{36}{37}$; $\frac{19}{37}$

도전해 보세요 ······ 23쪽

① 1, 2, 3, 4, 5　② $\frac{4}{9}$, $\frac{5}{9}$, $\frac{6}{9}$

① $\frac{\square}{11}<\frac{6}{11}$에서 $\frac{\square}{11}$는 $\frac{6}{11}$보다 작으므로 □ 안에 들어갈 수는 6보다 작아야 합니다. 따라서 □ 안에 들어갈 수 있는 수는 1, 2, 3, 4, 5입니다.

② 분모는 9이므로 $\frac{\square}{9}$이고, 분자는 3보다 크고 7보다 작은 수이므로 4, 5, 6입니다. 조건에 알맞은 분수는 $\frac{4}{9}$, $\frac{5}{9}$, $\frac{6}{9}$입니다.

## 04 단위분수의 크기 비교하기

기억해 볼까요? ······ 24쪽

① <　② >

개념 익히기 ······ 25쪽

① 예 ; >

② 예 ; <

③ 예 ; <

④ 예 ; <

⑤ 예 ; >

⑥ 예 ; <

⑦ 예 ; >

⑧ 예 ; <

개념 다지기 ······ 26쪽

① <　② <

③ >　④ >

⑤ >　⑥ <

⑦ >　⑧ =

⑨ >　⑩ >

⑪ <　⑫ <

설명해 보세요

위 2가지 그림은 모두 $\frac{1}{2}$과 $\frac{1}{5}$의 크기를 비교한 그림입니다.

같은 크기의 도형을 2로 나눈 1개와 5로 나눈 1개를 비교하면 $\frac{1}{2}$이 $\frac{1}{5}$보다 더 큰 것을 알 수 있습니다.

개념 키우기 ········· 27쪽

① $\frac{1}{3}$; $\frac{1}{10}$　② $\frac{1}{3}$; $\frac{1}{23}$

③ $\frac{1}{11}$; $\frac{1}{33}$　④ $\frac{1}{2}$; $\frac{1}{37}$

········· 27쪽

① $\frac{1}{8}$, $\frac{1}{2}$　② $\frac{1}{3}$, $\frac{1}{4}$

① $\frac{1}{9}$과 $\frac{1}{8}$, $\frac{1}{11}$, $\frac{1}{2}$, $\frac{1}{20}$ 모두 분자가 1인 단위분수입니다. 단위분수는 분모가 작을수록 더 큰 분수이므로 $\frac{1}{9}$보다 큰 분수는 $\frac{1}{8}$과 $\frac{1}{2}$입니다.

② 조건을 보면 단위분수이므로 분자는 모두 1입니다. $\frac{1}{2}$보다 작은 분수는 $\frac{1}{3}$, $\frac{1}{4}$, $\frac{1}{5}$ ……이고, 분모는 5보다 작아야 하므로 조건에 알맞은 분수는 $\frac{1}{3}$, $\frac{1}{4}$입니다.

## 05 전체 묶음 수에 대한 부분 묶음 수를 분수로 나타내기

기억해 볼까요? ········· 28쪽

3, 2; $\frac{2}{3}$

개념 익히기 ········· 29쪽

① 2, 1, $\frac{1}{2}$

② 3, 1; $\frac{1}{3}$　③ 2, 1; $\frac{1}{2}$

④ 4, 2; $\frac{2}{4}$　⑤ 5, 4; $\frac{4}{5}$

⑥ 8, 6; $\frac{6}{8}$　⑦ 4, 3; $\frac{3}{4}$

개념 다지기 ········· 30쪽

① $\frac{2}{3}$　② $\frac{1}{4}$

③ $\frac{5}{6}$　④ $\frac{1}{3}$

⑤ $\frac{3}{4}$　⑥ $\frac{2}{3}$

⑦ 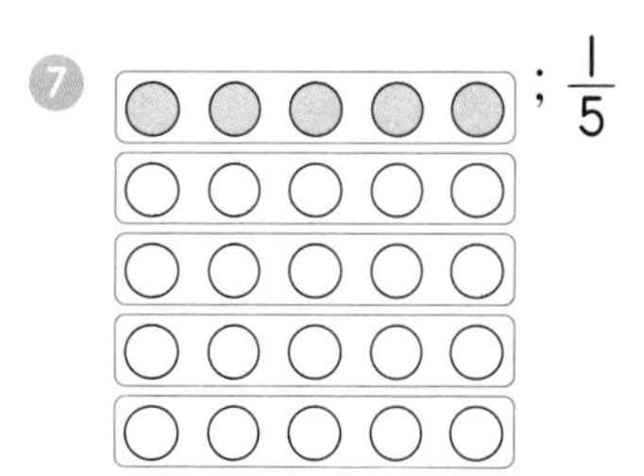 ; $\frac{1}{5}$

⑧ ; $\frac{1}{2}$

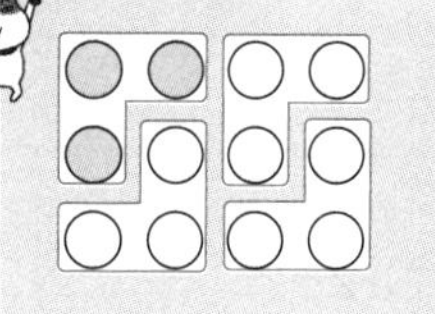

전체 12개를 4묶음으로 똑같이 나누었을때 3개는 1묶음이므로 색칠한 부분은 전체의 $\frac{1}{4}$입니다.

개념 키우기 ········· 31쪽

① $\frac{8}{16}$　② $\frac{4}{8}$

③ $\frac{2}{4}$　④ $\frac{1}{2}$

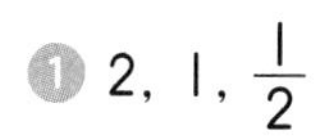

········· 31쪽

① 예 ; $\frac{3}{6}$

② $\frac{1}{6}$

① 3개씩 묶으면 전체는 6묶음이고, 9개는 3묶음이므로 9는 전체의 $\frac{3}{6}$입니다.

② 쿠키 36개를 6개씩 접시에 나누어 담으면 접시 6개에 나누어 담을 수 있습니다. 쿠키 6개가 접시 1개에 담겼으므로 쿠키 6개는 전체의 $\frac{1}{6}$입니다.

## 06 분수만큼은 얼마인지 알아보기 (1)

기억해 볼까요? ········· 32쪽

$\frac{1}{3}$

개념 익히기 ········· 33쪽

① 예 ; 2
; 4

② 예 ; 2
; 4
; 6

③ 3 ④ 4

⑤ 8 ⑥ 6

개념 다지기 ········· 34쪽

① 4 ② 6

③ 6 ④ 3

⑤ 6 ⑥ 8

⑦ 9 ⑧ 14

⑨ 20 ⑩ 21

설명해 보세요

20개를 4묶음으로 똑같이 나누었을때 3묶음이 15개이므로 20의 $\frac{3}{4}$은 15입니다.

개념 키우기 ········· 35쪽

① 6, 8, 9

② 8, 12, 14

③ 6, 18

④ 3, 2, 6

⑤ 9, 3, 3, 6, 18

⑥ 30, 10, 3, 3, 5, 15

도전해 보세요 ········· 35쪽

① 15명 ② 24개

① 30의 $\frac{1}{2}$은 15이므로 바다네 반 남학생은 15명입니다.

② 36의 $\frac{3}{9}$은 12이므로 초코우유는 12개이고, 나머지가 흰우유이므로 흰우유는 $36-12=24$(개)입니다.

## 07 분수만큼은 얼마인지 알아보기 (2)

기억해 볼까요? ········· 36쪽

① 4 ② 6

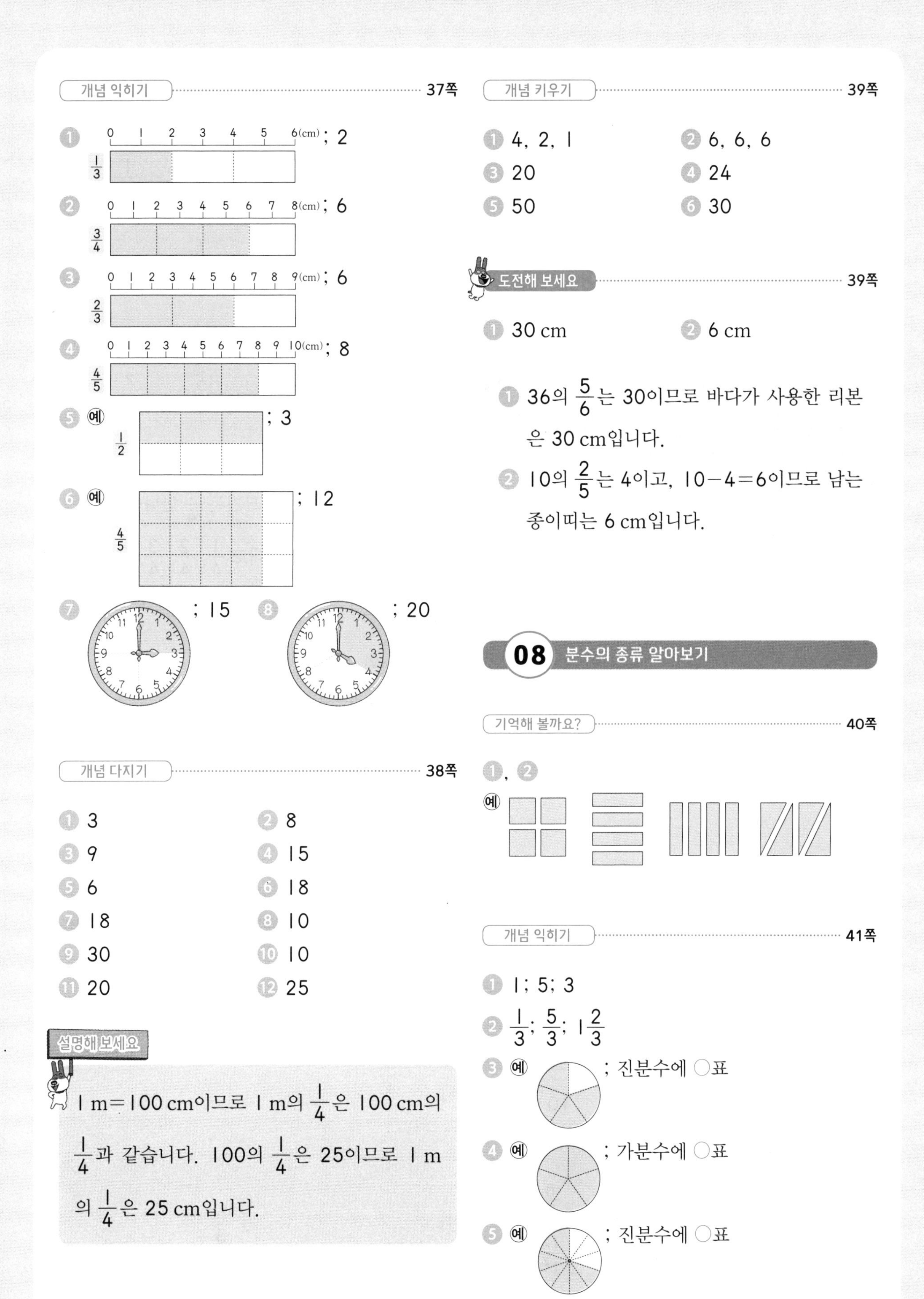

개념 익히기 37쪽

① ; 2
② ; 6
③ ; 6
④ ; 8
⑤ 예 ; 3
⑥ 예 ; 12
⑦ ; 15
⑧ ; 20

개념 다지기 38쪽

① 3 ② 8
③ 9 ④ 15
⑤ 6 ⑥ 18
⑦ 18 ⑧ 10
⑨ 30 ⑩ 10
⑪ 20 ⑫ 25

설명해 보세요

1 m=100 cm이므로 1 m의 $\frac{1}{4}$은 100 cm의 $\frac{1}{4}$과 같습니다. 100의 $\frac{1}{4}$은 25이므로 1 m의 $\frac{1}{4}$은 25 cm입니다.

개념 키우기 39쪽

① 4, 2, 1 ② 6, 6, 6
③ 20 ④ 24
⑤ 50 ⑥ 30

도전해 보세요 39쪽

① 30 cm ② 6 cm

① 36의 $\frac{5}{6}$는 30이므로 바다가 사용한 리본은 30 cm입니다.

② 10의 $\frac{2}{5}$는 4이고, 10−4=6이므로 남는 종이띠는 6 cm입니다.

## 08 분수의 종류 알아보기

기억해 볼까요? 40쪽

①, ②
예

개념 익히기 41쪽

① 1; 5; 3
② $\frac{1}{3}$; $\frac{5}{3}$; $1\frac{2}{3}$
③ 예 ; 진분수에 ○표
④ 예 ; 가분수에 ○표
⑤ 예 ; 진분수에 ○표

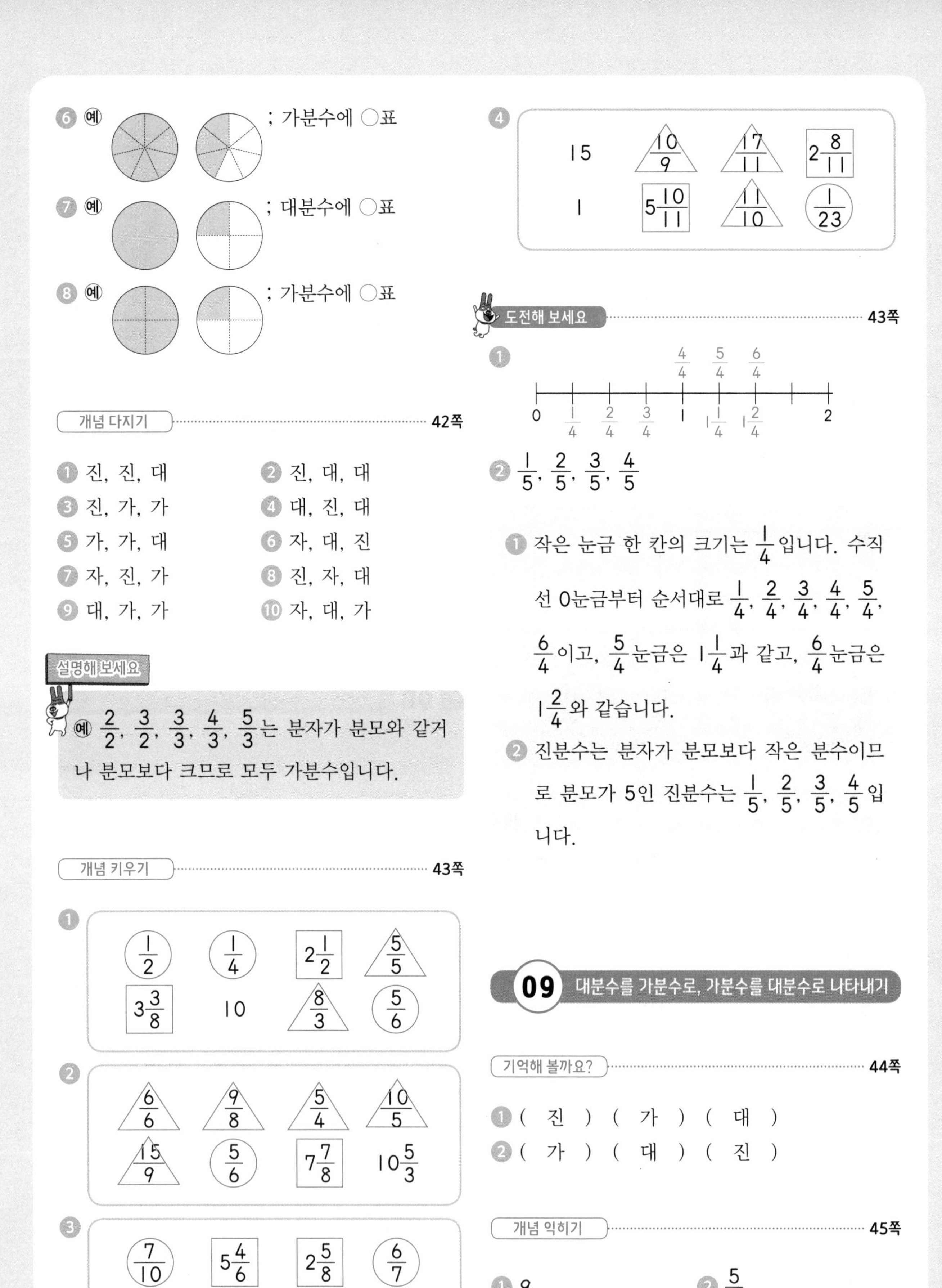

6 예 ; 가분수에 ○표

7 예 ; 대분수에 ○표

8 예 ; 가분수에 ○표

개념 다지기 42쪽

1 진, 진, 대
2 진, 대, 대
3 진, 가, 가
4 대, 진, 대
5 가, 가, 대
6 자, 대, 진
7 자, 진, 가
8 진, 자, 대
9 대, 가, 가
10 자, 대, 가

설명해 보세요

예 $\frac{2}{2}$, $\frac{3}{2}$, $\frac{3}{3}$, $\frac{4}{3}$, $\frac{5}{3}$는 분자가 분모와 같거나 분모보다 크므로 모두 가분수입니다.

개념 키우기 43쪽

1

| ○ $\frac{1}{2}$ | ○ $\frac{1}{4}$ | □ $2\frac{1}{2}$ | △ $\frac{5}{5}$ |
|---|---|---|---|
| □ $3\frac{3}{8}$ | 10 | △ $\frac{8}{3}$ | ○ $\frac{5}{6}$ |

2

| △ $\frac{6}{6}$ | △ $\frac{9}{8}$ | △ $\frac{5}{4}$ | △ $\frac{10}{5}$ |
|---|---|---|---|
| △ $\frac{15}{9}$ | ○ $\frac{5}{6}$ | □ $7\frac{7}{8}$ | $10\frac{5}{3}$ |

3

| ○ $\frac{7}{10}$ | □ $5\frac{4}{6}$ | □ $2\frac{5}{8}$ | ○ $\frac{6}{7}$ |
|---|---|---|---|
| △ $\frac{8}{8}$ | ○ $\frac{11}{12}$ | 13 | ○ $\frac{14}{16}$ |

4

| 15 | △ $\frac{10}{9}$ | △ $\frac{17}{11}$ | □ $2\frac{8}{11}$ |
|---|---|---|---|
| 1 | □ $5\frac{10}{11}$ | △ $\frac{11}{10}$ | ○ $\frac{1}{23}$ |

도전해 보세요 43쪽

1 (수직선) 0, $\frac{1}{4}$, $\frac{2}{4}$, $\frac{3}{4}$, 1, $1\frac{1}{4}$, $1\frac{2}{4}$, 2 / $\frac{4}{4}$, $\frac{5}{4}$, $\frac{6}{4}$

2 $\frac{1}{5}$, $\frac{2}{5}$, $\frac{3}{5}$, $\frac{4}{5}$

1 작은 눈금 한 칸의 크기는 $\frac{1}{4}$입니다. 수직선 0눈금부터 순서대로 $\frac{1}{4}$, $\frac{2}{4}$, $\frac{3}{4}$, $\frac{4}{4}$, $\frac{5}{4}$, $\frac{6}{4}$이고, $\frac{5}{4}$눈금은 $1\frac{1}{4}$과 같고, $\frac{6}{4}$눈금은 $1\frac{2}{4}$와 같습니다.

2 진분수는 분자가 분모보다 작은 분수이므로 분모가 5인 진분수는 $\frac{1}{5}$, $\frac{2}{5}$, $\frac{3}{5}$, $\frac{4}{5}$입니다.

## 09 대분수를 가분수로, 가분수를 대분수로 나타내기

기억해 볼까요? 44쪽

1 ( 진 ) ( 가 ) ( 대 )
2 ( 가 ) ( 대 ) ( 진 )

개념 익히기 45쪽

1 9
2 $\frac{5}{3}$
3 $\frac{7}{5}$
4 $\frac{17}{7}$

⑤ 2, 1　　⑥ $1\frac{3}{6}$

⑦ $2\frac{1}{7}$　　⑧ $1\frac{9}{10}$

개념 다지기 ········· 46쪽

① $\frac{5}{3}$　　② $2\frac{1}{3}$

③ $1\frac{3}{5}$　　④ $\frac{12}{5}$

⑤ $\frac{25}{8}$　　⑥ $3\frac{1}{2}$

⑦ $\frac{14}{3}$　　⑧ $2\frac{7}{9}$

⑨ $4\frac{3}{8}$　　⑩ $\frac{41}{6}$

**설명해 보세요**

$2\frac{1}{9}$을 가분수로 나타내면 $\frac{19}{9}$입니다. 대분수 $2\frac{1}{9}$에서 자연수 부분 2는 대분수로 고칠 경우 분자에 나타내는 수가 20이 아니고 18입니다. 18에 진분수 부분 분자 1을 더하면 19이므로 $2\frac{1}{9}$을 가분수로 나타내면 $\frac{19}{9}$가 됩니다.

개념 키우기 ········· 47쪽

①
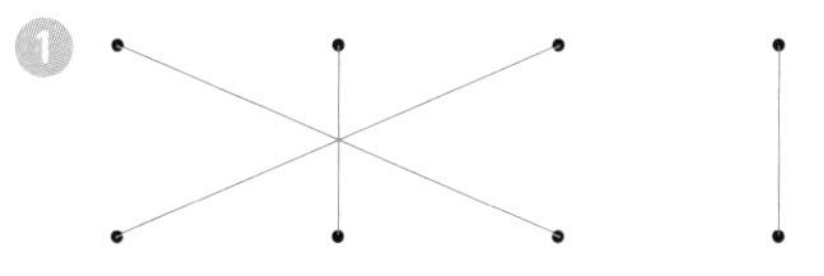

② 1, 1, 5　　③ 3, 2, 17

④ 9, 2, 1; $2\frac{1}{4}$　　⑤ 16, 2, 2; $2\frac{2}{7}$

**도전해 보세요** ········· 47쪽

① $1\frac{3}{4}$; $\frac{7}{4}$　　② $\frac{19}{9}$

① 작은 눈금 한 칸의 크기는 $\frac{1}{4}$입니다. ↓가 나타내는 부분은 대분수로 $1\frac{3}{4}$이고, 가분수로 나타내면 $\frac{7}{4}$입니다.

② 주어진 조건에서 대분수이면서 2보다 크고 3보다 작은 분수이므로 대분수의 자연수 부분은 2입니다. 분모는 9이고, 분모와 분자의 합이 10이므로 분수 부분은 $\frac{1}{9}$입니다. 조건을 만족하는 분수는 $2\frac{1}{9}$이고, 가분수로 나타내면 $\frac{19}{9}$입니다.

## 10 분모가 같은 분수의 크기 비교하기

기억해 볼까요? ········· 48쪽

① $>$　　② $>$

개념 익히기 ········· 49쪽

① $<$　　② $<$

③ $>$　　④ $<$

⑤ $<$　　⑥ $<$

⑦ $>$　　⑧ $<$

⑨ $<$　　⑩ $>$

⑪ $>$　　⑫ $>$

⑬ $<$　　⑭ $<$

개념 다지기 ········· 50쪽

① $=$　　② $<$

③ $<$　　④ $<$

⑤ $>$　　⑥ $<$

⑦ =  ⑧ =

⑨ $>$  ⑩ $<$

⑪ =  ⑫ $<$

**설명해 보세요**

$2\frac{6}{7}$과 $3\frac{1}{7}$과 같이 대분수끼리의 크기를 비교할 때는 자연수 부분을 먼저 비교하고 분수 부분을 비교하면 됩니다. 자연수 부분을 비교하면 $2<3$이므로 $2\frac{6}{7}<3\frac{1}{7}$입니다.

분수 부분은 $\frac{6}{7}>\frac{1}{7}$이지만 대분수는 자연수의 크기가 더 큰 분수가 더 큽니다. 자연수끼리 크기가 같을 경우 분수 부분의 크기를 비교하여 분수 부분이 더 큰 분수가 크기가 더 큽니다.

**개념 키우기** ………… 51쪽

① $\frac{16}{5}$; $\frac{12}{5}$  ② $\frac{29}{3}$; $\frac{22}{3}$

③ $\frac{65}{33}$; $\frac{44}{33}$  ⑤ $\frac{90}{7}$; $\frac{86}{7}$

**도전해 보세요** ………… 51쪽

① 52  ② 하늘

① $\frac{\square}{15}$와 $3\frac{6}{15}$을 비교할 때 $3\frac{6}{15}$을 가분수로 바꾸어 비교하면 됩니다. $3\frac{6}{15}$을 가분수로 나타내면 $\frac{51}{15}$이고, $\frac{51}{15}$보다 큰 가분수 중에서 □ 안에 들어갈 가장 작은 자연수는 52입니다.

② 하늘이의 몸무게는 $30\frac{4}{5}$ kg이고, 바다의 몸무게는 $\frac{156}{5}$ kg이므로 하늘이의 몸무게를 가분수로 나타내어 비교하거나 바다의 몸무게를 대분수로 나타내어 비교하는 2가지 방법이 있습니다. 하늘이의 몸무게를 가분수로 나타내면 $\frac{154}{5}$ kg이므로 하늘이가 바다보다 더 가볍습니다.

## 11 분모가 같은 진분수끼리의 덧셈

**기억해 볼까요?** ………… 54쪽

① $\frac{3}{5}$  ② 4

**개념 익히기** ………… 55쪽

① 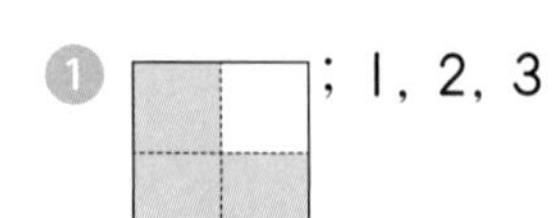 ; 1, 2, 3

② 예 ; 2, 1, 3

③ 예 ; 6, 5, 11, 1, 2

④ $\frac{1}{3}$, 1, 1, 3, $\frac{2}{3}$

⑤ $\frac{2}{6}$, 3, 2, 6, $\frac{5}{6}$

⑥ 4, $\frac{3}{4}$, 2, 3, 4, 5, 1, 1

개념 다지기 ······ 56쪽

① 1, 2, 3　　② 2, 3, 5

③ $\frac{4}{7}$　　④ $\frac{8}{9}$

⑤ $\frac{11}{12}$　　⑥ $\frac{11}{15}$

⑦ 7, 1, 2　　⑧ 10, 1, 3

⑨ $1\frac{3}{8}$　　⑩ $1\frac{2}{9}$

⑪ 1　　⑫ $1\frac{7}{15}$

설명해 보세요

$\frac{1}{4}+\frac{2}{4}$의 결과가 $\frac{3}{8}$이 나온 이유는 분모는 분모끼리, 분자는 분자끼리 더했기 때문입니다.
$\frac{1}{4}$과 $\frac{2}{4}$는 단위분수 $\frac{1}{4}$이 각각 1개, 2개이므로 $\frac{1}{4}+\frac{2}{4}$는 $\frac{1}{4}$이 3개가 되어 $\frac{3}{4}$입니다.
즉, $\frac{1}{4}+\frac{2}{4}=\frac{3}{4}$입니다.

개념 키우기 ······ 57쪽

① 3, 3, 6, 1, 1　　② 4, 4, 8, 1, 1

도전해 보세요 ······ 57쪽

① $\frac{3}{4}$박자　　② 5, $\frac{8}{9}$ 또는 8, $\frac{5}{9}$

① ♪ 2개의 길이가 ♩의 길이와 같으므로 한마디에는 ♩가 3개씩 있습니다. ♩는 $\frac{1}{4}$박자이므로 ♩ 3개는 $\frac{3}{4}$박자입니다.

② $\frac{\square}{9}+\frac{\square}{\square}=1\frac{4}{9}$에서 $1\frac{4}{9}$를 가분수로 바꾸면 $\frac{13}{9}$입니다. 분모가 같은 분수끼리의 덧셈이므로 $\frac{\square}{\square}$에서 분모는 9이고, $\frac{\square+\square}{9}=\frac{13}{9}$에서 $\square+\square=13$을 만족하는 수 카드를 찾으면 5와 8 또는 4와 9입니다. 그러나 9는 이미 사용하였으므로 5와 8로 덧셈식을 만들면 $\frac{5}{9}+\frac{8}{9}$ 또는 $\frac{8}{9}+\frac{5}{9}$입니다.

## 12 분모가 같은 대분수의 덧셈 (1)

기억해 볼까요? ······ 58쪽

① $1\frac{2}{5}$　　② $1\frac{3}{11}$

개념 익히기 ······ 59쪽

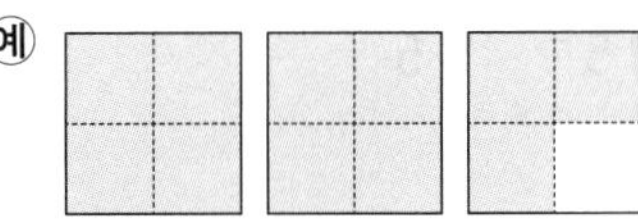
; 2, 1, 2, 3, 2, 3

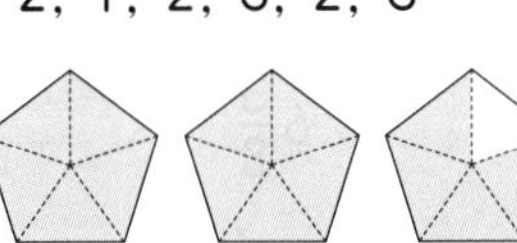
; 1, 1, 3, 1, 2, 4, 2, 4

③ 12, 9, 21, 4, 1

④ $\frac{8}{7}$, $\frac{16}{7}$, $\frac{24}{7}$, 3, 3

⑤ $\frac{19}{8}$, $\frac{9}{8}$, $\frac{28}{8}$, 3, 4

개념 다지기 60쪽

① 1, 3, 3, 4, 3, 4
② 4, 5
③ 5, 3
④ 5, 5
⑤ $5\frac{5}{6}$
⑥ $4\frac{5}{11}$
⑦ 9, 1, 1, 5, 1
⑧ 11, 1, 2, 4, 2
⑨ $7\frac{3}{13}$
⑩ $9\frac{2}{15}$

개념 다지기 61쪽

① 13, 14, 27, 5, 2
② 23, 13, $\frac{36}{7}$, $5\frac{1}{7}$
③ $\frac{14}{9}+\frac{28}{9}=\frac{42}{9}=4\frac{6}{9}$
④ $\frac{15}{11}+\frac{18}{11}=\frac{33}{11}=3$
⑤ $\frac{48}{14}+\frac{17}{14}=\frac{65}{14}=4\frac{9}{14}$
⑥ $\frac{30}{12}+\frac{31}{12}=\frac{61}{12}=5\frac{1}{12}$
⑦ $\frac{60}{13}+\frac{17}{13}=\frac{77}{13}=5\frac{12}{13}$
⑧ $\frac{35}{10}+\frac{29}{10}=\frac{64}{10}=6\frac{4}{10}$
⑨ $\frac{38}{14}+\frac{61}{14}=\frac{99}{14}=7\frac{1}{14}$
⑩ $\frac{54}{15}+\frac{53}{15}=\frac{107}{15}=7\frac{2}{15}$

개념 다지기 62쪽

① $4\frac{5}{6}$
② $6\frac{3}{8}$
③ $6\frac{4}{9}$
④ $3\frac{1}{11}$
⑤ $7\frac{7}{10}$
⑥ $8\frac{7}{12}$
⑦ $5\frac{13}{14}$
⑧ $5\frac{15}{16}$
⑨ $7\frac{8}{15}$
⑩ $7\frac{1}{18}$
⑪ $7\frac{16}{17}$
⑫ 10

설명해 보세요

방법1 자연수끼리, 분수끼리 계산하는 방법

$2\frac{2}{5}+3\frac{4}{5}=(2+3)+\left(\frac{2}{5}+\frac{4}{5}\right)$

$=5+\frac{6}{5}=5+1\frac{1}{5}=6\frac{1}{5}$

방법2 가분수로 바꾸어 계산하는 방법

$2\frac{2}{5}+3\frac{4}{5}=\frac{12}{5}+\frac{19}{5}=\frac{31}{5}=6\frac{1}{5}$

개념 키우기 63쪽

① $4\frac{1}{6}$
② $7\frac{1}{6}$
③ 6

도전해 보세요 63쪽

① $3\frac{4}{5}$ cm
② 3

① 직사각형의 가로는 세로보다 $\frac{3}{5}$cm 더 길므로 직사각형의 가로는 $1\frac{3}{5}+\frac{3}{5}=2\frac{1}{5}$(cm)입니다.
따라서 직사각형의 가로와 세로의 길이의 합은 $2\frac{1}{5}+1\frac{3}{5}=3\frac{4}{5}$(cm)입니다.

② 주어진 조건에서 1보다 크고 2보다 작은 대분수는 자연수 부분이 1인 대분수이고, 분모가 3인 대분수이므로 $1\frac{\square}{3}$입니다. □ 안에 들어갈 수 있는 분자는 1 또는 2뿐이므로 $1\frac{1}{3}+1\frac{2}{3}=2\frac{3}{3}=3$입니다.

## 13 분모가 같은 대분수의 덧셈 (2)

기억해 볼까요? ····· 64쪽

① $4\frac{1}{5}$ ② $5\frac{6}{11}$

개념 익히기 ····· 65쪽

① 예 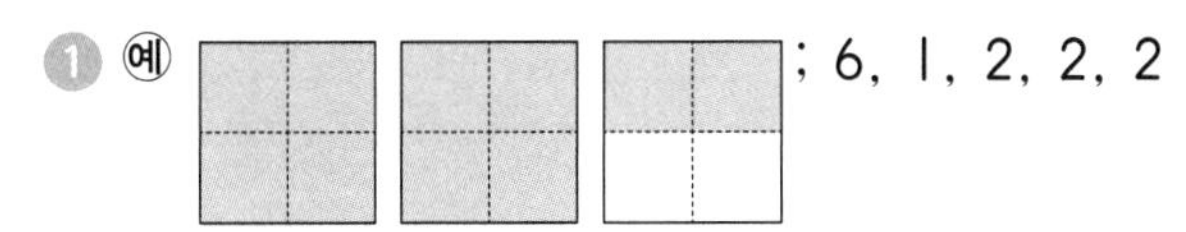 ; 6, 1, 2, 2, 2

② 예 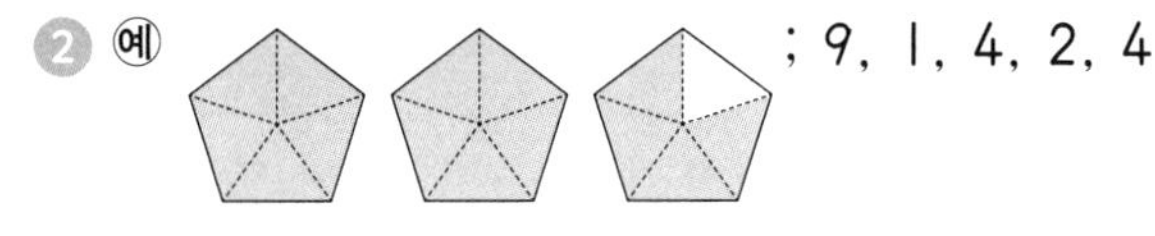 ; 9, 1, 4, 2, 4

③ 1, 1, 2, 2

④ 1, 3, 2, 4

⑤ 1, 4, 3, 6

개념 다지기 ····· 66쪽

① 1, 2 ② 3, 11, 4, 5

③ $4\frac{3}{7}$ ④ $5\frac{2}{9}$

⑤ $4\frac{10}{11}$ ⑥ $5\frac{12}{13}$

⑦ 1, 3, 2, 7

⑧ $4\frac{2}{10}+1\frac{7}{10}=5\frac{9}{10}$

⑨ $3\frac{5}{14}+1\frac{6}{14}=4\frac{11}{14}$

⑩ $5\frac{8}{20}+2\frac{3}{20}=7\frac{11}{20}$

설명해 보세요

방법1 가분수를 대분수로 바꾸어 자연수끼리, 분수끼리 계산하는 방법

$2\frac{2}{3}+\frac{5}{3}=2\frac{2}{3}+1\frac{2}{3}=(2+1)+\left(\frac{2}{3}+\frac{2}{3}\right)$

$=3+\frac{4}{3}=3+1\frac{1}{3}=4\frac{1}{3}$

방법2 대분수를 가분수로 바꾸어 계산하는 방법

$2\frac{2}{3}+\frac{5}{3}=\frac{8}{3}+\frac{5}{3}=\frac{13}{3}=4\frac{1}{3}$

개념 키우기 ····· 67쪽

① 7, 9, 16, 3, 1 ② 11, 10, 21, 2, 5

도전해 보세요 ····· 67쪽

① 오후 2시 50분

② $3\frac{4}{13}+3\frac{1}{13}$; $6\frac{5}{13}$

① 서준이는 오후 $1\frac{4}{6}$시에 출발하여 $\frac{7}{6}$시간 후 박물관에 도착하였으므로 도착한 시각은 $1\frac{4}{6}+\frac{7}{6}=1\frac{4}{6}+1\frac{1}{6}=(1+1)+\left(\frac{4}{6}+\frac{1}{6}\right)$ $=2+\frac{5}{6}=2\frac{5}{6}$시입니다. 오후 $2\frac{5}{6}$시는 오후 2시 50분입니다.

② 주어진 분수 중에서 가장 큰 분수와 두 번째로 큰 분수를 더하면 합이 가장 큰 분수가 됩니다. 주어진 분수를 대분수로 바꾸면 $1\frac{4}{13}$, $2\frac{2}{13}$, $3\frac{1}{13}$, $1\frac{6}{13}$, $3\frac{4}{13}$이므로 가장 큰 분수는 $3\frac{4}{13}$, 두 번째로 큰 분수는 $3\frac{1}{13}$입니다. 두 분수를 더하면 $3\frac{4}{13}+3\frac{1}{13}=(3+3)+\left(\frac{4}{13}+\frac{1}{13}\right)$ $=6+\frac{5}{13}=6\frac{5}{13}$입니다.

# 14 분모가 같은 진분수끼리의 뺄셈

기억해 볼까요? ········· 68쪽

① $\frac{6}{7}$　　① $1\frac{6}{11}$

개념 익히기 ········· 69쪽

① ; 3, 2, 1
② 예 ; 3, 1, 2
③ 예 ; 7, 2, 5
④ 예 ; 2, 1, 3, $\frac{1}{3}$
⑤ 예 ; $\frac{4}{7}$
⑥ 예 ; $\frac{3}{8}$
⑦ 예 ; $\frac{2}{9}$

개념 다지기 ········· 70쪽

① 3, 1, 2　　② 5, 4, 6, $\frac{1}{6}$
③ $\frac{2}{7}$　　④ $\frac{4}{9}$
⑤ $\frac{7}{11}$　　⑥ $\frac{5}{12}$
⑦ $\frac{6}{13}$　　⑧ $\frac{3}{14}$
⑨ $\frac{8}{15}$　　⑩ $\frac{9}{17}$
⑪ $\frac{6}{19}$　　⑫ $\frac{7}{22}$

설명해 보세요

$\frac{5}{7}-\frac{3}{7}$의 결과가 $\frac{2}{7}$인 이유는 분모가 같은 진분수의 뺄셈은 단위분수의 개수를 세어 뺄셈을 하기 때문입니다. $\frac{5}{7}$는 $\frac{1}{7}$이 5개이고, $\frac{3}{7}$은 $\frac{1}{7}$이 3개이므로 $\frac{5}{7}-\frac{3}{7}$은 $\frac{1}{7}$의 개수가 $5-3=2$(개)입니다. 따라서 $\frac{5}{7}-\frac{3}{7}=\frac{2}{7}$입니다.

개념 키우기 ········· 71쪽

① 7, 4　　② $\frac{9}{10}$, $\frac{7}{10}$

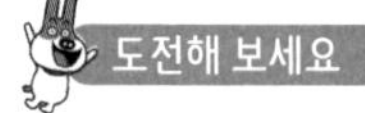

········· 71쪽

① $\frac{11}{19}$　　② $\frac{3}{9}$

① 주어진 분수 중에서 가장 큰 분수는 $\frac{16}{19}$이고, 가장 작은 분수는 $\frac{5}{19}$입니다. 따라서 두 분수의 차는 $\frac{16}{19}-\frac{5}{19}=\frac{11}{19}$입니다.

② 다음과 같이 약속한 방법대로 계산하면 $\frac{7}{9}\star\frac{2}{9}=\frac{7}{9}-\frac{2}{9}-\frac{2}{9}$입니다. 앞에서부터 차례로 계산하면 $\frac{7}{9}-\frac{2}{9}-\frac{2}{9}=\frac{5}{9}-\frac{2}{9}=\frac{3}{9}$입니다.

## 15 분모가 같은 대분수의 뺄셈 (1)

기억해 볼까요? ······ 72쪽

① $\frac{8}{11}$　② $\frac{8}{15}$

개념 익히기 ······ 73쪽

① 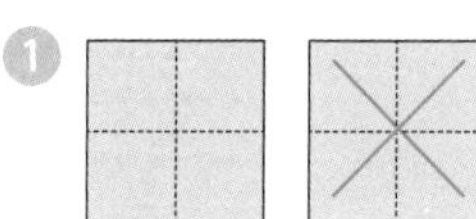 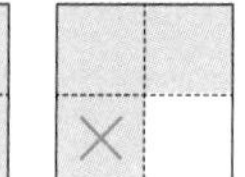 ;

3, 1, 1, 2, 1, 2

②  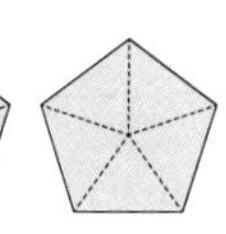 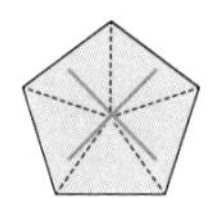 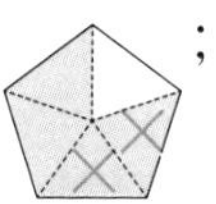 ;

3, 1, 4, 2, 2, 2, 2, 2

③ 29, 22, 7, 1, 1

④ $\frac{38}{7}$, $\frac{15}{7}$, $\frac{23}{7}$, 3, 2

⑤ $\frac{55}{8}$, $\frac{28}{8}$, $\frac{27}{8}$, 3, 3

개념 다지기 ······ 74쪽

① 2, 3　② 2, 4

③ $4\frac{3}{10}$　④ $3\frac{6}{11}$

⑤ $4\frac{5}{12}$　⑥ 1

⑦ 32, 11, 21, 2, 3

⑧ $\frac{53}{11}-\frac{26}{11}=\frac{27}{11}=2\frac{5}{11}$

⑨ $\frac{67}{12}-\frac{26}{12}=\frac{41}{12}=3\frac{5}{12}$

⑩ $\frac{75}{13}-\frac{45}{13}=\frac{30}{13}=2\frac{4}{13}$

설명해 보세요

방법1 자연수끼리, 분수끼리 계산하는 방법

$3\frac{4}{5}-1\frac{1}{5}=(3-1)+\left(\frac{4}{5}-\frac{1}{5}\right)=2+\frac{3}{5}=2\frac{3}{5}$

방법2 가분수로 바꾸어 계산하는 방법

$3\frac{4}{5}-1\frac{1}{5}=\frac{19}{5}-\frac{6}{5}=\frac{13}{5}=2\frac{3}{5}$

개념 키우기 ······ 75쪽

① $5\frac{4}{9}$, $4\frac{2}{9}$

②

도전해 보세요 ······ 75쪽

① $2\frac{2}{7}$　② 8

① 어떤 수를 □라고 하면 $\square+3\frac{2}{7}=8\frac{6}{7}$,

$\square=8\frac{6}{7}-3\frac{2}{7}=(8-3)+\left(\frac{6}{7}-\frac{2}{7}\right)$

$=5+\frac{4}{7}=5\frac{4}{7}$입니다.

바르게 계산하면

$5\frac{4}{7}-3\frac{2}{7}=(5-3)+\left(\frac{4}{7}-\frac{2}{7}\right)=2+\frac{2}{7}$

$=2\frac{2}{7}$입니다.

② $6\frac{\square}{13}-2\frac{2}{13}>4\frac{5}{13}$에서

$6\frac{\square}{13}-2\frac{2}{13}=(6-2)+\left(\frac{\square}{13}-\frac{2}{13}\right)$

$=4+\frac{\square-2}{13}=4\frac{\square-2}{13}$이고

$4\frac{\square-2}{13}>4\frac{5}{13}$이므로 $\square-2>5$입니다.

따라서 □에 들어갈 수 있는 자연수는 8, 9, 10 ······이고 이 중에서 가장 작은 자연수는 8입니다.

## 16 (자연수)-(진분수)

기억해 볼까요? ····· 76쪽

① $2\frac{5}{9}$ ② $3\frac{8}{11}$

개념 익히기 ····· 77쪽

① $\frac{5}{5}$, 2 ② 4, 1, 1

③ $\frac{2}{2}$, 3, 1 ④ $4\frac{6}{6}-\frac{1}{6}=4\frac{5}{6}$

⑤ $2\frac{7}{7}-\frac{2}{7}=2\frac{5}{7}$ ⑥ $5\frac{8}{8}-\frac{5}{8}=5\frac{3}{8}$

⑦ $4\frac{9}{9}-\frac{4}{9}=4\frac{5}{9}$ ⑧ $3\frac{10}{10}-\frac{3}{10}=3\frac{7}{10}$

⑨ $\frac{6}{3}$, 5, $1\frac{2}{3}$ ⑩ $\frac{15}{5}$, $\frac{3}{5}$, $\frac{12}{5}$, $2\frac{2}{5}$

개념 다지기 ····· 78쪽

① $4\frac{6}{6}$, $\frac{5}{6}$, $4\frac{1}{6}$ ② $3\frac{8}{8}$, $\frac{3}{8}$, $3\frac{5}{8}$

③ $5\frac{7}{7}-\frac{3}{7}=5\frac{4}{7}$ ④ $7\frac{9}{9}-\frac{2}{9}=7\frac{7}{9}$

⑤ $6\frac{11}{11}-\frac{6}{11}=6\frac{5}{11}$

⑥ $8\frac{12}{12}-\frac{5}{12}=8\frac{7}{12}$

⑦ $2\frac{15}{15}-\frac{8}{15}=2\frac{7}{15}$

⑧ $\frac{16}{16}-\frac{13}{16}=\frac{3}{16}$

⑨ $\frac{72}{9}$, $\frac{65}{9}$, $7\frac{2}{9}$

⑩ $\frac{44}{11}-\frac{6}{11}=\frac{38}{11}=3\frac{5}{11}$

⑪ $\frac{39}{13}-\frac{11}{13}=\frac{28}{13}=2\frac{2}{13}$

⑫ $\frac{28}{14}-\frac{9}{14}=\frac{19}{14}=1\frac{5}{14}$

설명해 보세요

방법1 자연수에서 1만큼을 가분수로 바꾸어 계산하는 방법

$2-\frac{3}{7}=1\frac{7}{7}-\frac{3}{7}=1\frac{4}{7}$

방법2 자연수를 가분수로 바꾸어 계산하는 방법

$2-\frac{3}{7}=\frac{14}{7}-\frac{3}{7}=\frac{11}{7}=1\frac{4}{7}$

개념 키우기 ····· 79쪽

① $2\frac{1}{4}$ ② $3\frac{2}{7}$

도전해 보세요 ····· 79쪽

① 1시간 10분 ② $6\frac{5}{13}$

① $2-\frac{5}{6}$를 자연수에서 1만큼을 가분수로 바꾸어 계산하면

$2-\frac{5}{6}=1\frac{6}{6}-\frac{5}{6}=1\frac{1}{6}$(시간)입니다.

$1\frac{1}{6}$시간은 1시간 10분입니다.

② 두 수를 모아 7을 만들면 $\frac{8}{13}+\square=7$이므로 $7-\frac{8}{13}=6\frac{13}{13}-\frac{8}{13}=6\frac{5}{13}$입니다.

## 17 (자연수)-(대분수)

기억해 볼까요? ····· 80쪽

① $3\frac{2}{3}$ ② $5\frac{5}{7}$

개념 익히기 81쪽

1. $\frac{5}{5}$, $2\frac{3}{5}$
2. 4, 3, 1
3. $2\frac{7}{7}-2\frac{1}{7}=\frac{6}{7}$
4. $3\frac{6}{6}-1\frac{5}{6}=2\frac{1}{6}$
5. $5\frac{8}{8}-2\frac{3}{8}=3\frac{5}{8}$
6. $4\frac{9}{9}-3\frac{5}{9}=1\frac{4}{9}$
7. $3\frac{10}{10}-2\frac{3}{10}=1\frac{7}{10}$
8. $7\frac{11}{11}-5\frac{3}{11}=2\frac{8}{11}$
9. $\frac{12}{4}$, 5, 7, $1\frac{3}{4}$
10. $\frac{20}{5}-\frac{13}{5}=\frac{7}{5}=1\frac{2}{5}$
11. $\frac{35}{7}-\frac{19}{7}=\frac{16}{7}=2\frac{2}{7}$

개념 다지기 82쪽

1. $3\frac{6}{6}-1\frac{1}{6}=2\frac{5}{6}$
2. $4\frac{8}{8}-2\frac{7}{8}=2\frac{1}{8}$
3. $2\frac{9}{9}-1\frac{4}{9}=1\frac{5}{9}$
4. $3\frac{10}{10}-2\frac{7}{10}=1\frac{3}{10}$
5. $5\frac{12}{12}-2\frac{5}{12}=3\frac{7}{12}$
6. $4\frac{13}{13}-3\frac{9}{13}=1\frac{4}{13}$
7. $6\frac{14}{14}-4\frac{11}{14}=2\frac{3}{14}$
8. $7\frac{16}{16}-7\frac{3}{16}=\frac{13}{16}$
9. $\frac{24}{6}-\frac{17}{6}=\frac{7}{6}=1\frac{1}{6}$
10. $\frac{54}{9}-\frac{29}{9}=\frac{25}{9}=2\frac{7}{9}$
11. $\frac{55}{11}-\frac{27}{11}=\frac{28}{11}=2\frac{6}{11}$
12. $\frac{45}{15}-\frac{22}{15}=\frac{23}{15}=1\frac{8}{15}$

설명해 보세요

방법1 자연수에서 1만큼을 가분수로 바꾸어 계산하는 방법

$$6-2\frac{5}{7}=5\frac{7}{7}-2\frac{5}{7}=(5-2)+\left(\frac{7}{7}-\frac{5}{7}\right)$$
$$=3+\frac{2}{7}=3\frac{2}{7}$$

방법2 가분수로 바꾸어 계산하는 방법

$$6-2\frac{5}{7}=\frac{42}{7}-\frac{19}{7}=\frac{23}{7}=3\frac{2}{7}$$

개념 키우기 83쪽

㉠, ㉣, ㉡, ㉢

도전해 보세요 83쪽

1. $8-2\frac{2}{7}$; $5\frac{5}{7}$ km
2. $8-4\frac{3}{7}$; $3\frac{4}{7}$ km

1. 집에서 공원까지의 거리는 8 km이고, 집에서 학교까지의 거리는 $2\frac{2}{7}$ km입니다. 두 수의 차를 구하면

$$8-2\frac{2}{7}=7\frac{7}{7}-2\frac{2}{7}=(7-2)+\left(\frac{7}{7}-\frac{2}{7}\right)$$
$$=5+\frac{5}{7}=5\frac{5}{7}\text{(km)입니다.}$$

2. 공원에서 도서관까지의 거리는 $4\frac{3}{7}$ km이고, 공원에서 집까지의 거리는 8 km입니다. 두 수의 차를 구하면

$$8-4\frac{3}{7}=7\frac{7}{7}-4\frac{3}{7}=(7-4)+\left(\frac{7}{7}-\frac{3}{7}\right)$$
$$=3+\frac{4}{7}=3\frac{4}{7}\text{(km)입니다.}$$

## 18 분모가 같은 대분수의 뺄셈 (2)

기억해 볼까요? ······ 84쪽

① $3\frac{2}{5}$ ② $4\frac{6}{11}$

개념 익히기 ······ 85쪽

①

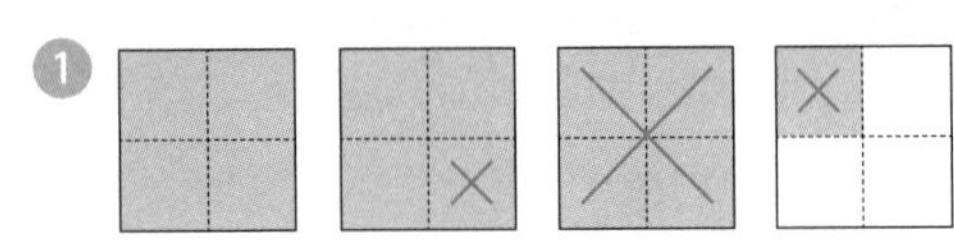

2, 5, 1, 3

② 예

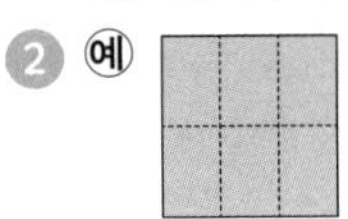
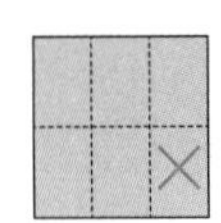
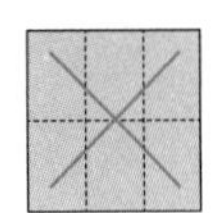
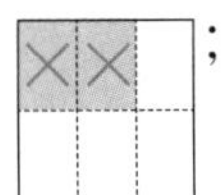

$2\frac{8}{6}$, 1, 5

③ 37, 25, 12, 1, 5

④ $\frac{49}{8}$, $\frac{18}{8}$, $\frac{31}{8}$, 3, 7

⑤ $\frac{25}{6}$, $\frac{8}{6}$, $\frac{17}{6}$, 2, 5

개념 다지기 ······ 86쪽

① 2, 7, 1, 3 ② 3, 10, 2, 5

③ $5\frac{11}{9}-2\frac{4}{9}=3\frac{7}{9}$ ④ $4\frac{13}{10}-\frac{6}{10}=4\frac{7}{10}$

⑤ $7\frac{15}{11}-3\frac{7}{11}=4\frac{8}{11}$

⑥ $8\frac{16}{13}-2\frac{9}{13}=6\frac{7}{13}$

⑦ $3\frac{12}{9}-\frac{4}{9}=3\frac{8}{9}$

⑧ $2\frac{14}{11}-\frac{13}{11}=2\frac{1}{11}$

⑨ $4\frac{13}{12}-3\frac{6}{12}=1\frac{7}{12}$

⑩ $5\frac{18}{15}-2\frac{10}{15}=3\frac{8}{15}$

개념 다지기 ······ 87쪽

① 18, 7, $\frac{11}{4}$, 2, 3 ② 27, 14, $\frac{13}{5}$, 2, 3

③ $\frac{20}{6}-\frac{15}{6}=\frac{5}{6}$ ④ $\frac{31}{7}-\frac{26}{7}=\frac{5}{7}$

⑤ $\frac{35}{8}-\frac{23}{8}=\frac{12}{8}=1\frac{4}{8}$

⑥ $\frac{30}{9}-\frac{20}{9}=\frac{10}{9}=1\frac{1}{9}$

⑦ $\frac{34}{10}-\frac{11}{10}=\frac{23}{10}=2\frac{3}{10}$

⑧ $\frac{24}{11}-\frac{17}{11}=\frac{7}{11}$

⑨ $\frac{38}{12}-\frac{23}{12}=\frac{15}{12}=1\frac{3}{12}$

⑩ $\frac{46}{15}-\frac{33}{15}=\frac{13}{15}$

개념 다지기 ······ 88쪽

① $2\frac{2}{5}$ ② $1\frac{4}{6}$

③ $3\frac{5}{7}$ ④ $1\frac{8}{11}$

⑤ $3\frac{5}{11}$ ⑥ $\frac{7}{9}$

⑦ $\frac{12}{13}$ ⑧ $2\frac{3}{10}$

⑨ $1\frac{7}{12}$ ⑩ $1\frac{8}{15}$

⑪ $2\frac{3}{17}$ ⑫ $1\frac{10}{20}$

설명해 보세요

방법1 자연수에서 1만큼을 가분수로 바꾸고 빼는 수를 대분수로 바꾸어 계산하는 방법

$5\frac{3}{7}-\frac{18}{7}=4\frac{10}{7}-2\frac{4}{7}=(4-2)+\left(\frac{10}{7}-\frac{4}{7}\right)$

$=2+\frac{6}{7}=2\frac{6}{7}$

방법2 대분수를 가분수로 바꾸어 계산하는 방법

$5\frac{3}{7}-\frac{18}{7}=\frac{38}{7}-\frac{18}{7}=\frac{20}{7}=2\frac{6}{7}$

개념 키우기 ······ 89쪽

❶

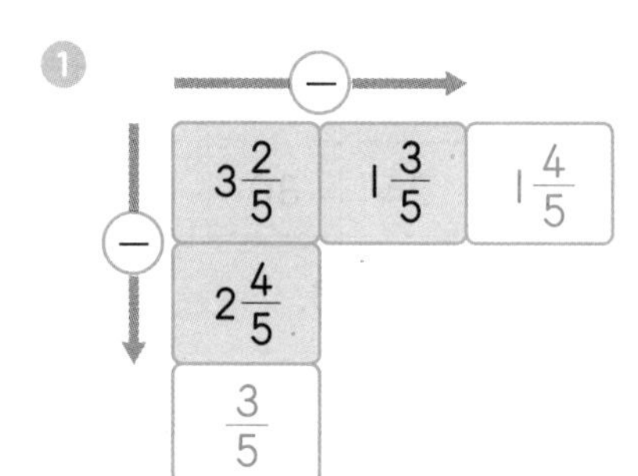

❷

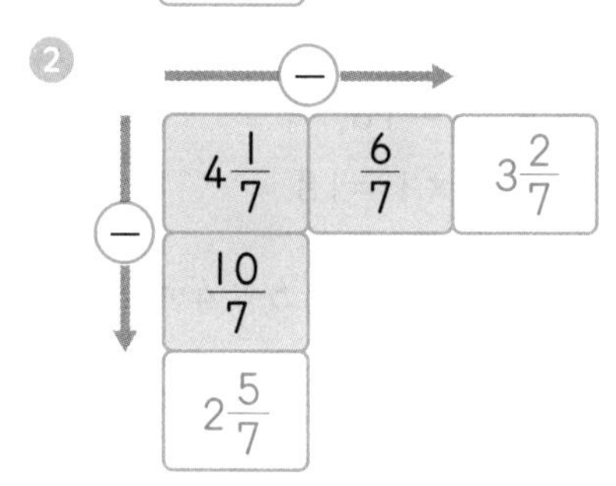

❸

| $4\frac{5}{10}$ | $2\frac{6}{10}$ | $1\frac{9}{10}$ |
|---|---|---|
| $1\frac{8}{10}$ | $\frac{7}{10}$ | $1\frac{1}{10}$ |
| $2\frac{7}{10}$ | $1\frac{9}{10}$ | |

❹

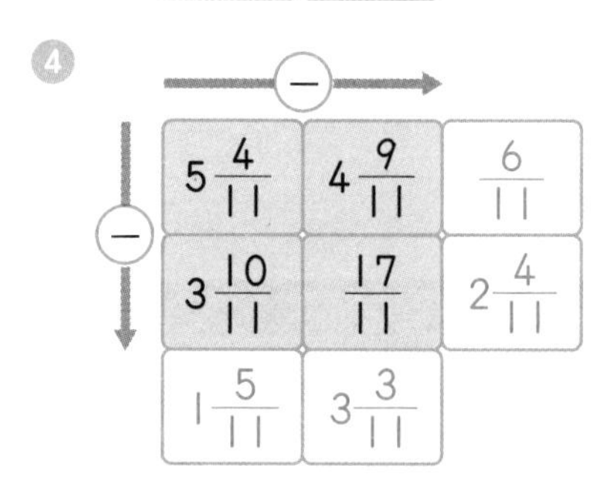

도전해 보세요 ······ 89쪽

❶ $4\frac{2}{8}$ m　　❷ 토끼

❶ 색 테이프 2장을 더한 후 겹치는 부분의 길이를 뺍니다.

$2\frac{3}{8}+3\frac{6}{8}=(2+3)+\left(\frac{3}{8}+\frac{6}{8}\right)$

$=5+\frac{9}{8}=5+1\frac{1}{8}=6\frac{1}{8}$(m)

$6\frac{1}{8}-1\frac{7}{8}=5\frac{9}{8}-1\frac{7}{8}=(5-1)+\left(\frac{9}{8}-\frac{7}{8}\right)$

$=4+\frac{2}{8}=4\frac{2}{8}$(m)

❷ 토끼: $6\frac{3}{7}-2\frac{5}{7}=5\frac{10}{7}-2\frac{5}{7}$

$=(5-2)+\left(\frac{10}{7}-\frac{5}{7}\right)$

$=3+\frac{5}{7}=3\frac{5}{7}$

호랑이: $8\frac{1}{7}-\frac{32}{7}=\frac{57}{7}-\frac{32}{7}$

$=\frac{25}{7}=3\frac{4}{7}$

코끼리: $9\frac{2}{7}-5\frac{6}{7}=8\frac{9}{7}-5\frac{6}{7}$

$=(8-5)+\left(\frac{9}{7}-\frac{6}{7}\right)$

$=3+\frac{3}{7}=3\frac{3}{7}$

계산 결과를 비교하면 $3\frac{5}{7}>3\frac{4}{7}>3\frac{3}{7}$입니다. 따라서 계산 결과가 가장 큰 동물은 토끼입니다.

## 19 약수와 배수의 관계

기억해 볼까요? ······ 92쪽

3, 5; 5, 3 또는 5, 3; 3, 5

개념 익히기 ······ 93쪽

❶ 1, 2, 4, 8; 1, 2, 4, 8

② 1, 2, 7, 14; 1, 2, 7, 14
③ 1, 2, 4, 5, 10, 20; 1, 2, 4, 5, 10, 20
④ 1, 3, 5, 9, 15, 45; 1, 3, 5, 9, 15, 45
⑤ 2, 4, 6, 8
⑥ 4, 8, 12, 16
⑦ 10, 20, 30, 40
⑧ 6, 12, 18, 24
⑨ 21, 42, 63, 84
⑩ 13, 26, 39, 52

개념 다지기 ······ 94쪽

① ○ ② ×
③ ○ ④ ×
⑤ × ⑥ ○
⑦ ○ ⑧ ×
⑨ ○ ⑩ ×
⑪ × ⑫ ○

설명해 보세요

$30=1\times30$, $30=2\times15$, $30=3\times10$, $30=5\times6$이므로 30의 약수는 1, 2, 3, 5, 6, 10, 15, 30입니다. 곱해서 30이 되는 두 수를 1부터 차례로 조사해서 찾았고, 마지막 $5\times6$ 다음은 $6\times5$인데 이것은 $5\times6$과 같으므로 더 이상 새로운 두 수의 곱은 없다는 것을 알 수 있습니다. 따라서 약수를 모두 구했다고 말할 수 있습니다.

개념 키우기 ······ 95쪽

① 24, 12, 8, 4;
1, 2, 3, 4, 6, 8, 12, 24;
1, 2, 3, 4, 6, 8, 12, 24
② 36, 18, 12, 4, 6;
1, 2, 3, 4, 6, 9, 12, 18, 36;
1, 2, 3, 4, 6, 9, 12, 18, 36

도전해 보세요 ······ 95쪽

①

| 약수 | 5 | 5 | 6 | 6 | 15 |
|---|---|---|---|---|---|
| 배수 | 15 | 30 | 24 | 30 | 30 |

② (1장씩, 18명) → $1\times18=18$,
(2장씩, 9명) → $2\times9=18$,
(3장씩, 6명) → $3\times6=18$,
(6장씩, 3명) → $6\times3=18$,
(9장씩, 2명) → $9\times2=18$,
(18장씩, 1명) → $18\times1=18$

① $5\times3=15$, $5\times6=30$, $6\times4=24$, $15\times2=30$이므로 5, 6, 15는 30의 약수이고 5는 15의 약수, 6은 24의 약수입니다. 30은 5, 6, 15의 배수이고 15는 5의 배수, 24는 6의 배수입니다.
② 18의 약수가 1, 2, 3, 6, 9, 18이므로 나누어 가질 수 있는 모든 경우를 나타내면 (1장씩, 18명), (2장씩, 9명), (3장씩, 6명), (6장씩, 3명), (9장씩, 2명), (18장씩, 1명)입니다.

## 20 공약수와 최대공약수 구하기

기억해 볼까요? ······ 96쪽

① 배수; 약수
② 1, 5, 25
③ 1, 2, 3, 6

개념 익히기 ······ 97쪽

① 1, 2, 4; 1, 2, 3, 6; 1, 2; 2
② 1, 2, 4, 8; 1, 2, 3, 4, 6, 12; 1, 2, 4; 4
③ 1, 2, 5, 10; 1, 3, 5, 15; 1, 5; 5

④ 1, 2, 4, 8, 16; 1, 2, 3, 4, 6, 8, 12, 24;
1, 2, 4, 8; 8

⑤ 1, 13; 1, 2, 13, 26; 1, 13; 13

⑥ 1, 2, 3, 6, 9, 18; 1, 3, 9, 27;
1, 3, 9; 9

⑦ 1, 3, 5, 9, 15, 45; 1, 3, 7, 9, 21, 63;
1, 3, 9; 9

개념 다지기 ........ 98쪽

① 1, 2; 2
② 1, 2, 4; 4
③ 1, 7; 7
④ 1, 5; 5
⑤ 1, 3; 3
⑥ 1, 2, 3, 4, 6, 12; 12
⑦ 1, 2, 4, 8; 8
⑧ 1, 3, 9; 9

설명해 보세요

15의 약수: 1, 3, 5, 15
28의 약수: 1, 2, 4, 7, 14, 28이므로 15와 28의 공약수는 1뿐입니다. 따라서 최대공약수도 1입니다.

개념 키우기 ........ 99쪽

① 1, 2, 3, 4, 6, 9, 12, 18, 36
② ㉤, ㉥, ㉠, ㉡, ㉣, ㉢

도전해 보세요 ........ 99쪽

① 20장
② 7

① 정사각형 모양의 색종이로 직사각형 모양의 종이를 겹치지 않고 빈틈없이 덮으려면 정사각형 모양의 색종이의 한 변의 길이는 직사각형 모양의 종이의 가로와 세로 길이의 공약수여야 합니다. 이때 최대한 큰 색종이를 사용한다고 했으므로 한 변의 길이는 80과 64의 최대공약수인 16 cm입니다. $80 \div 16 = 5$이고 $64 \div 16 = 4$이므로 색종이는 가로로 5장 세로로 4장 필요합니다. 따라서 색종이는 모두 $5 \times 4 = 20$(장) 필요합니다.

② 어떤 수로 28을 나누면 나누어떨어지므로 어떤 수는 28의 약수입니다. 어떤 수로 52를 나누면 나머지가 3이므로 어떤 수는 $52 - 3 = 49$의 약수입니다. 따라서 어떤 수는 28과 49의 공약수이고 그 중 가장 큰 수는 28과 49의 최대공약수인 7입니다.

## 21 공배수와 최소공배수 구하기

기억해 볼까요? ........ 100쪽

① 4, 6
② 21, 28
③ 7, 49
④ 2, 8

개념 익히기 ........ 101쪽

① 4, 8, 12, 16, 20, 24 ……;
6, 12, 18, 24 ……; 12, 24; 12

② 4, 8, 12, 16 ……; 8, 16, 24, 32 ……;
8, 16; 8

③ 5, 10, 15, 20, 25, 30 ……; 15, 30, 45, 60, 75 ……; 15, 30; 15

④ 8, 16, 24, 32, 40, 48 ……;
12, 24, 36, 48, 60, 72 ……;

24, 48; 24

5 14, 28, 42, 56, 70, 84 ……;
21, 42, 63, 84, 105 ……;
42, 84; 42

6 18, 36, 54, 72, 90, 108 ……;
27, 54, 81, 108 ……; 54, 108; 54

7 30, 60, 90, 120 ……;
10, 20, 30, 40, 50, 60 ……;
30, 60; 30

개념 다지기 102쪽

1 6, 12, 18; 6
2 10, 20, 30; 10
3 60, 120, 180; 60
4 10, 20, 30; 10
5 56, 112, 168; 56
6 120, 240, 360; 120
7 78, 156, 234; 78
8 84, 168, 252; 84
9 36, 72, 108; 36
10 22, 44, 66; 22

설명해 보세요

3의 배수는 3, 6, 9, 12, 15, 18, 21, 24 ……이고 4의 배수는 4, 8, 12, 16, 20, 24, 28 ……이므로 3과 4의 공배수는 12, 24 ……이고 최소공배수는 12입니다.

개념 키우기 103쪽

1 10년, 12년
2 60년 후
3 을사년

도전해 보세요 103쪽

1 오전 8시 45분
2 3일

1 두 버스가 각각 5분, 7분 간격으로 출발하므로 같이 출발하는 간격은 최소공배수인 35분입니다. 따라서 두 버스가 같이 출발한 시각은 오전 7시, 오전 7시 35분, 오전 8시 10분, 오전 8시 45분 ……이고 네 번째로 같이 출발한 시각은 오전 8시 45분입니다.

2 병준이는 3일 일하고 하루 쉬므로 4일 간격으로 쉬고, 동주는 2일 일하고 하루 쉬므로 3일 간격으로 쉽니다. 따라서 병준이와 동주는 4와 3의 최소공배수인 12일 간격으로 같이 쉽니다. 따라서 1월에 같이 쉰 날은 1월 1일, 1월 13일, 1월 25일로 모두 3일입니다.

## 22 최대공약수와 최소공배수 구하기

기억해 볼까요? 104쪽

1 1, 2, 4
2 4
3 24, 48
4 24

개념 익히기 105쪽

1 4; 2; 4, 7, 56
2 4, 7; 2; 56
3 2, 3; 8; 48
4 2, 3

개념 다지기 106쪽

1 $2\times3$; $3\times3$; 3; 18
2 $3\times4$; $4\times5$; 4; 60
3 $3\times5$; $5\times5$; 5; 75
4 $3\times7$; $4\times7$; 7; 84

5 $2\times11$; $3\times11$; 11; 66

6 $2\times2\times2\times7$; $2\times2\times2\times3$; 8; 168

7 $2\times2\times2\times2\times2\times2$; $2\times2\times2\times2\times5$; 16; 320

8 $2\times2\times13$; $5\times13$; 13; 260

개념 다지기 ........ 107쪽

1 2; 60

2 4; 24

3 8; 48

4 18; 54

5 7; 140

6 12; 72

7 6; 336

8 27; 81

9 25; 150

개념 다지기 ........ 108쪽

1 5; 30

2 9; 18

3 13; 52

4 8; 120

5 15; 90

6 7; 196

7 18; 108

8 12; 360

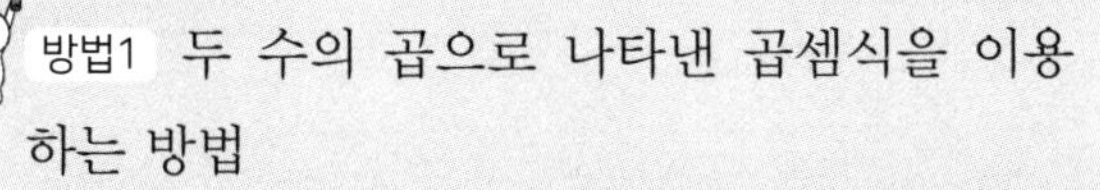


방법1 두 수의 곱으로 나타낸 곱셈식을 이용하는 방법

$12=2\times6$, $18=3\times6$이므로 최대공약수는 6이고 최소공배수는 $6\times2\times3=36$입니다.

방법2 여러 수의 곱으로 나타낸 곱셈식을 이용하는 방법

$12=2\times2\times3$, $18=2\times3\times3$이므로 최대공약수는 $2\times3=6$이고 최소공배수는 $2\times3\times2\times3=36$입니다.

방법3 나눗셈을 이용하는 방법

```
2 ) 12  18
3 )  6   9
     2   3
```

최대공약수는 $2\times3=6$이고 최소공배수는 $2\times3\times2\times3=36$입니다.

개념 키우기 ........ 109쪽

1 ㉢, ㉠, ㉥, ㉤, ㉣, ㉡

2 ㉡, ㉠, ㉣, ㉤, ㉥, ㉢

도전해 보세요 ........ 109쪽

1 (1) 3개 (2) 6개

2 2; 1980

1 지훈이가 한 번에 3계단씩 6번 만에 올라갔으므로 계단은 총 $3\times6=18$(개)입니다.

(1) 지훈이는 한 번에 3계단씩 민희는 한 번에 2계단씩 올라갔으므로 3과 2의 최소공배수인 6계단마다 같이 밟고 올라갑니다. 총 계단은 18개이므로 같이 밟은 계단은 $18\div6=3$(개)입니다.

(2) 지훈이가 밟은 계단은 $18\div3=6$(개)이고 민희가 밟은 계단은 $18\div2=9$(개)입니다. 이 중 같이 밟은 계단이 3개이므로 둘 중 한 명이라도 밟은 계단은 $6+9-3=12$(개)입니다. 따라서 아무도 밟지 않은 계단은 $18-12=6$(개)입니다.

2 ㉠과 ㉡의 최대공약수인 30을 여러 수의 곱으로 나타내면 $30=2\times3\times5$입니다. 이때 ㉡에 2가 없으므로 □에 들어갈 수 있는 가장 작은 수는 2입니다. 따라서 ㉠과 ㉡의 최소공배수는 $30\times2\times3\times11=1980$입니다.

## 23 크기가 같은 분수

기억해 볼까요? ........ 110쪽

① 2; 24 ② 3; 60

개념 익히기 ........ 111쪽

① 예 ; $\frac{2}{2}$, $\frac{2}{8}$

② 예 ; $\frac{2}{2}$, $\frac{1}{3}$

③ 예 ; $\frac{9}{15}$

④ 예 ; $\frac{2}{3}$

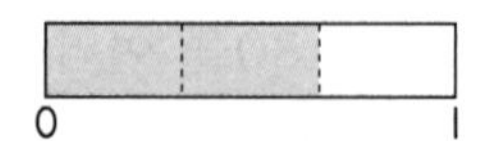

⑤ 예 ; $\frac{3}{6}$

⑥ 예 ; $\frac{1}{4}$

⑦ 예 ; $\frac{9}{15}$

⑧ 예 ; $\frac{1}{2}$

개념 다지기 ........ 112쪽

① $\frac{2}{4}=\frac{3}{6}=\frac{4}{8}$ ② $\frac{4}{6}=\frac{6}{9}=\frac{8}{12}$

③ $\frac{8}{10}=\frac{12}{15}=\frac{16}{20}$ ④ $\frac{10}{16}=\frac{15}{24}=\frac{20}{32}$

⑤ $\frac{8}{18}=\frac{12}{27}=\frac{16}{36}$ ⑥ $\frac{14}{30}=\frac{21}{45}=\frac{28}{60}$

⑦ $\frac{12}{18}=\frac{8}{12}=\frac{6}{9}$ ⑧ $\frac{3}{6}=\frac{2}{4}=\frac{1}{2}$

⑨ $\frac{8}{24}=\frac{4}{12}=\frac{2}{6}$ ⑩ $\frac{7}{21}=\frac{2}{6}=\frac{1}{3}$

⑪ $\frac{9}{27}=\frac{3}{9}=\frac{1}{3}$ ⑫ $\frac{5}{40}=\frac{2}{16}=\frac{1}{8}$

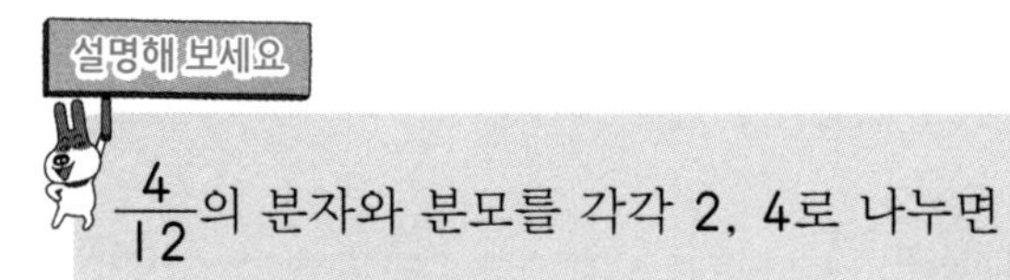


$\frac{4}{12}$의 분자와 분모를 각각 2, 4로 나누면

$\frac{4}{12}=\frac{2}{6}=\frac{1}{3}$

$\frac{4}{12}$의 분자와 분모에 각각 2, 3, 4를 곱하면

$\frac{4}{12}=\frac{8}{24}=\frac{12}{36}=\frac{16}{48}$

개념 키우기 ........ 113쪽

①

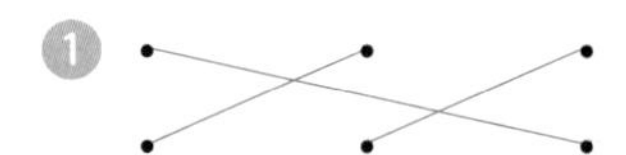

② $\frac{3}{5}$, $\frac{24}{40}$, $\frac{9}{15}$, $\frac{30}{50}$에 ○표

도전해 보세요 ........ 113쪽

① 라 ② 가

③ 나

각 음료수의 양을 분수로 나타내면

가: $\frac{5}{6}$L, 나: $\frac{4}{7}$L, 다: $\frac{2}{5}$L, 라: $\frac{4}{6}=\frac{2}{3}$L

입니다.

❶ 다혜가 마신 양을 기약분수로 나타내면 $\frac{18}{27}=\frac{2}{3}$(L)이고 이와 같은 양이 들어 있는 병은 라입니다.

❷ 혜진이가 마신 양을 기약분수로 나타내면 $\frac{25}{30}=\frac{5}{6}$(L)이고 이와 같은 양이 들어 있는 병은 가입니다.

❸ 지현이가 마신 양을 기약분수로 나타내면 $\frac{28}{49}=\frac{4}{7}$(L)이고 이와 같은 양이 들어 있는 병은 나입니다.

## 24 약분과 기약분수

기억해 볼까요? ............ 114쪽

❶ $\frac{5}{5}$, 5 ❷ $\frac{8}{8}$, 2
❸ 60 ❹ 16

개념 익히기 ............ 115쪽

❶ 6, 3 ❷ 4, 2
❸ 7, 2, 1 ❹ 4, 2, 1
❺ 16, 8, 4 ❻ 18, 12, 6
❼ $\frac{4}{4}$, $\frac{2}{3}$ ❽ $\frac{4}{4}$, $\frac{3}{4}$
❾ $\frac{2}{2}$, $\frac{9}{11}$ ❿ $\frac{8}{8}$, $\frac{1}{3}$
⓫ $\frac{18}{18}$, $\frac{1}{3}$ ⓬ $\frac{12}{12}$, $\frac{1}{6}$

개념 다지기 ............ 116쪽

❶ $\frac{2}{3}$ ❷ $\frac{1}{5}$
❸ $\frac{1}{2}$ ❹ $\frac{5}{8}$
❺ $\frac{5}{9}$ ❻ $\frac{1}{4}$
❼ $\frac{1}{3}$ ❽ $\frac{21}{53}$
❾ $\frac{2}{5}$ ❿ $\frac{5}{9}$
⓫ $\frac{1}{2}$ ⓬ $\frac{3}{5}$

설명해 보세요

21과 32의 최대공약수가 1이므로 $\frac{21}{32}$은 이미 기약분수입니다.

개념 키우기 ............ 117쪽

❶ $\frac{12}{16}$에 ○표
❷ $\frac{2}{7}$, $\frac{13}{30}$에 ○표

도전해 보세요 ............ 117쪽

❶ $\frac{2}{3}$, $\frac{4}{6}$ ❷ $\frac{14}{56}$

① $\frac{16}{24}$의 분모와 분자를 똑같은 수로 나누어 크기가 같은 분수를 만들어 보면 $\frac{16}{24}=\frac{8}{12}=\frac{4}{6}=\frac{2}{3}$입니다. 이때 주어진 수 카드로 만들 수 있는 분수는 $\frac{4}{6}$와 $\frac{2}{3}$입니다.

② $\frac{1}{4}$의 분모와 분자에 똑같은 수를 곱해서 크기가 같은 분수를 만들어 보면 $\frac{1}{4}=\frac{2}{8}=\frac{3}{12}=\cdots\cdots$입니다. 이때 분모와 분자의 합이 70인 크기가 같은 분수는 $\frac{14}{56}$입니다.

## 25 통분하기와 분모가 다른 분수의 크기 비교하기

기억해 볼까요? ········ 118쪽

① 6, 12; 6 ② >

개념 익히기 ········ 119쪽

① $\frac{5}{5}, \frac{3}{3}; \frac{10}{15}, \frac{12}{15}; <$

② $\frac{10}{10}, \frac{6}{6}; \frac{50}{60}, \frac{42}{60}; >$

③ $\frac{3}{3}, \frac{12}{12}; \frac{15}{36}, \frac{12}{36}; >$

④ $\frac{3}{3}, \frac{2}{2}; \frac{9}{24}, \frac{10}{24}; <$

⑤ $\frac{3}{3}; \frac{9}{15}; >$

⑥ $\frac{12}{12}, \frac{7}{7}; \frac{48}{84}, \frac{49}{84}; <$

개념 다지기 ········ 120쪽

① <; $\left(\frac{1}{2}, \frac{3}{4}\right) \rightarrow \left(\frac{1\times4}{2\times4}, \frac{3\times2}{4\times2}\right) \rightarrow \left(\frac{4}{8}, \frac{6}{8}\right)$

② <; $\left(\frac{5}{6}, \frac{7}{8}\right) \rightarrow \left(\frac{5\times8}{6\times8}, \frac{7\times6}{8\times6}\right) \rightarrow \left(\frac{40}{48}, \frac{42}{48}\right)$

③ <; $\left(\frac{7}{12}, \frac{3}{5}\right) \rightarrow \left(\frac{7\times5}{12\times5}, \frac{3\times12}{5\times12}\right) \rightarrow \left(\frac{35}{60}, \frac{36}{60}\right)$

④ >; $\left(\frac{4}{7}, \frac{9}{16}\right) \rightarrow \left(\frac{4\times16}{7\times16}, \frac{9\times7}{16\times7}\right) \rightarrow \left(\frac{64}{112}, \frac{63}{112}\right)$

⑤ <; $\left(\frac{7}{10}, \frac{16}{21}\right) \rightarrow \left(\frac{7\times21}{10\times21}, \frac{16\times10}{21\times10}\right) \rightarrow \left(\frac{147}{210}, \frac{160}{210}\right)$

⑥ <; $\left(\frac{5}{18}, \frac{7}{24}\right) \rightarrow \left(\frac{5\times24}{18\times24}, \frac{7\times18}{24\times18}\right) \rightarrow \left(\frac{120}{432}, \frac{126}{432}\right)$

⑦ >; $\left(\frac{2}{3}, \frac{5}{9}\right) \rightarrow \left(\frac{2\times3}{3\times3}, \frac{5}{9}\right) \rightarrow \left(\frac{6}{9}, \frac{5}{9}\right)$

⑧ <; $\left(\frac{5}{6}, \frac{13}{15}\right) \rightarrow \left(\frac{5\times5}{6\times5}, \frac{13\times2}{15\times2}\right) \rightarrow \left(\frac{25}{30}, \frac{26}{30}\right)$

⑨ >; $\left(\frac{7}{12}, \frac{4}{7}\right) \rightarrow \left(\frac{7\times7}{12\times7}, \frac{4\times12}{7\times12}\right) \rightarrow \left(\frac{49}{84}, \frac{48}{84}\right)$

⑩ >; $\left(\frac{6}{13}, \frac{5}{11}\right) \rightarrow \left(\frac{6\times11}{13\times11}, \frac{5\times13}{11\times13}\right) \rightarrow \left(\frac{66}{143}, \frac{65}{143}\right)$

⑪ >; $\left(\frac{9}{14}, \frac{25}{42}\right) \rightarrow \left(\frac{9\times3}{14\times3}, \frac{25}{42}\right) \rightarrow \left(\frac{27}{42}, \frac{25}{42}\right)$

⑫ <; $\left(\frac{11}{16}, \frac{17}{24}\right) \rightarrow \left(\frac{11\times3}{16\times3}, \frac{17\times2}{24\times2}\right) \rightarrow \left(\frac{33}{48}, \frac{34}{48}\right)$

설명해 보세요

방법1 두 분모의 곱을 공통분모로 하여 통분하는 방법

$\left(\frac{3}{4}, \frac{7}{10}\right) \rightarrow \left(\frac{3\times10}{4\times10}, \frac{7\times4}{10\times4}\right) \rightarrow \left(\frac{30}{40}, \frac{28}{40}\right)$

방법2 두 분모의 최소공배수를 공통분모로 하여 통분하는 방법

$\left(\frac{3}{4}, \frac{7}{10}\right) \rightarrow \left(\frac{3\times5}{4\times5}, \frac{7\times2}{10\times2}\right) \rightarrow \left(\frac{15}{20}, \frac{14}{20}\right)$

개념 키우기 ········ 121쪽

① $\frac{15}{18}$; $\frac{7}{9}$; $\frac{15}{18}$　② $\frac{7}{16}$; $\frac{5}{12}$; $\frac{5}{12}$

도전해 보세요 ········ 121쪽

① 7개　② 16개

① 두 분수를 분모 16과 24의 최소공배수인 48로 통분하면

$\frac{5}{16} > \frac{\square}{24} \rightarrow \frac{5\times3}{16\times3} > \frac{\square\times2}{24\times2}$

$\rightarrow \frac{15}{48} > \frac{\square\times2}{48}$ 이고 $15 > \square\times2$이므로 □ 안에 들어갈 수 있는 자연수는 1, 2, 3, 4, 5, 6, 7로 모두 7개입니다.

② 세 분수를 분모 15, 50, 5의 최소공배수인 150으로 통분하면

$\frac{7}{15} < \frac{\square}{50} < \frac{4}{5}$

$\rightarrow \frac{70}{150} < \frac{\square\times3}{150} < \frac{120}{150}$ 이고

$70 < \square\times3 < 120$이므로 □ 안에 들어갈 수 있는 자연수는 24, 25……, 39로 모두 16개입니다.

## 26 분모가 다른 진분수의 덧셈

기억해 볼까요? ········ 122쪽

① 12, 3　② 15, 8

개념 익히기 ········ 123쪽

① $\frac{5}{5}$, $\frac{2}{2}$, 5, 2, $\frac{7}{10}$

② $\frac{7}{7}$, $\frac{3}{3}$, 14, 6, $\frac{20}{21}$

③ $\frac{9}{9}$, $\frac{6}{6}$, 9, 42, $\frac{51}{54}$, $\frac{17}{18}$

④ $\frac{3}{3}$, $\frac{2}{2}$, 15, 2, $\frac{17}{36}$

⑤ $\frac{3}{3}$, 9, $\frac{11}{15}$

⑥ $\frac{3}{3}$, $\frac{2}{2}$, 9, 10, $\frac{19}{48}$

개념 다지기 ········ 124쪽

① $\frac{11}{15}$　② $1\frac{1}{10}$

③ $\frac{19}{24}$　④ $\frac{23}{28}$

⑤ $\frac{37}{45}$　⑥ $1\frac{1}{3}$

⑦ $\frac{62}{99}$　⑧ $\frac{8}{21}$

⑨ $\frac{17}{30}$　⑩ $1\frac{9}{20}$

⑪ $\frac{1}{2}$　⑫ $1\frac{2}{45}$

설명해 보세요

방법1 두 분모의 곱을 공통분모로 하여 통분하는 방법

$\frac{5}{6}+\frac{3}{8}=\frac{5\times8}{6\times8}+\frac{3\times6}{8\times6}$

$=\frac{40}{48}+\frac{18}{48}=\frac{\overset{29}{\cancel{58}}}{\underset{24}{\cancel{48}}}=\frac{29}{24}=1\frac{5}{24}$

방법2 두 분모의 최소공배수를 공통분모로 하여 통분하는 방법

$\frac{5}{6}+\frac{3}{8}=\frac{5\times4}{6\times4}+\frac{3\times3}{8\times3}=\frac{20}{24}+\frac{9}{24}$

$=\frac{29}{24}=1\frac{5}{24}$

개념 키우기 ········ 125쪽

1 $\frac{23}{30}$, $\frac{5}{12}$, $\frac{7}{20}$

2

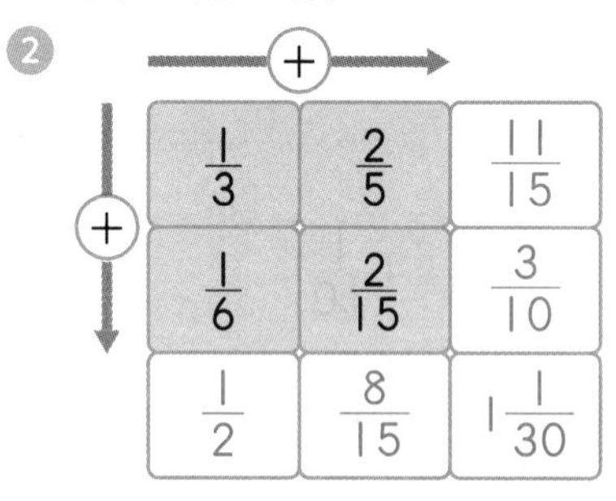

| $\frac{1}{3}$ | $\frac{2}{5}$ | $\frac{11}{15}$ |
|---|---|---|
| $\frac{1}{6}$ | $\frac{2}{15}$ | $\frac{3}{10}$ |
| $\frac{1}{2}$ | $\frac{8}{15}$ | $1\frac{1}{30}$ |

도전해 보세요 ········ 125쪽

1 $\frac{3}{8}$, $\frac{23}{40}$

2 1, 2, 3, 4

1 서윤이가 만든 분수는 진희가 만든 분수에 $\frac{1}{6}$을 더한 분수이므로

$\frac{5}{24}+\frac{1}{6}=\frac{5}{24}+\frac{4}{24}=\frac{\overset{3}{\cancel{9}}}{\underset{8}{\cancel{24}}}=\frac{3}{8}$입니다.

도현이가 만든 분수는 서윤이가 만든 분수에 $\frac{1}{5}$을 더한 분수이므로

$\frac{3}{8}+\frac{1}{5}=\frac{15}{40}+\frac{8}{40}=\frac{23}{40}$입니다.

2 두 분수를 분모 8과 12의 최소공배수인 24로 통분하면

$\frac{\square}{8}+\frac{5}{12}<1 \rightarrow \frac{\square\times3}{24}+\frac{10}{24}<1$

$\rightarrow \frac{\square\times3+10}{24}<1$이고 $\square\times3+10<24$

$\rightarrow \square\times3<14$이므로 $\square$ 안에 들어갈 수 있는 자연수는 1, 2, 3, 4입니다.

## 27 분모가 다른 대분수의 덧셈

기억해 볼까요? ········ 126쪽

1 $1\frac{1}{28}$

2 $1\frac{7}{40}$

3 $\frac{5}{12}$

4 $\frac{7}{15}$

개념 익히기 ········ 127쪽

1 $\frac{6}{6}$, $\frac{5}{5}$, 12, 5, 12, 5, 17, $3\frac{17}{30}$

2 10, 7, 10, 7, 17, $5\frac{17}{24}$

3 25, 28, 25, 28, 53, $1\frac{13}{40}$, $5\frac{13}{40}$

4 10, 20, 10, $\frac{3}{3}$, 20, 30, 20, 50, $5\frac{5}{9}$

5 41, 31, 123, 62, 185, $5\frac{5}{36}$

개념 다지기 ........ 128쪽

① $4\frac{1}{12}$
② $5\frac{29}{35}$
③ $6\frac{7}{15}$
④ $7\frac{7}{12}$
⑤ $8\frac{1}{24}$
⑥ $4\frac{46}{63}$
⑦ $5\frac{8}{15}$
⑧ $4\frac{9}{28}$
⑨ $4\frac{17}{21}$
⑩ $7\frac{31}{40}$
⑪ $4\frac{32}{55}$
⑫ $3\frac{17}{30}$

설명해 보세요

방법1 자연수는 자연수끼리, 분수는 분수끼리 계산하는 방법

$1\frac{3}{4}+2\frac{5}{6}$

$=1\frac{3\times3}{4\times3}+2\frac{5\times2}{6\times2}=1\frac{9}{12}+2\frac{10}{12}$

$=(1+2)+\left(\frac{9}{12}+\frac{10}{12}\right)=3+\frac{19}{12}$

$=3+1\frac{7}{12}=4\frac{7}{12}$

방법2 대분수를 가분수로 바꾸어 계산하는 방법

$1\frac{3}{4}+2\frac{5}{6}=\frac{7}{4}+\frac{17}{6}=\frac{7\times3}{4\times3}+\frac{17\times2}{6\times2}$

$=\frac{21}{12}+\frac{34}{12}=\frac{55}{12}=4\frac{7}{12}$

개념 키우기 ........ 129쪽

① >
② <
③ <
④ >
⑤ $9\frac{1}{21}$; $3\frac{11}{12}$; $5\frac{11}{84}$

도전해 보세요 ........ 129쪽

① $10\frac{43}{60}$ m
② 1, 2, 3, 4, 5

① 재경이가 뛴 거리를 모두 더하면

$4\frac{4}{5}+3\frac{2}{3}+2\frac{1}{4}$

$=4\frac{48}{60}+3\frac{40}{60}+2\frac{15}{60}$

$=(4+3+2)+\left(\frac{48}{60}+\frac{40}{60}+\frac{15}{60}\right)$

$=9+\frac{103}{60}=9+1\frac{43}{60}=10\frac{43}{60}$(m)

입니다.

② 세 분수를 분모 10, 4, 5의 최소공배수인 20으로 통분하면

$4\frac{\square}{10}<1\frac{3}{4}+2\frac{4}{5}$

$\rightarrow 4\frac{\square\times2}{20}<1\frac{15}{20}+2\frac{16}{20}$

$\rightarrow 4\frac{\square\times2}{20}<3\frac{31}{20} \rightarrow 4\frac{\square\times2}{20}<4\frac{11}{20}$

이고 $\square\times2<11$이므로 □ 안에 들어갈 수 있는 자연수는 1, 2, 3, 4, 5입니다.

## 28 분모가 다른 진분수의 뺄셈

기억해 볼까요? ........ 130쪽

① $1\frac{1}{12}$
② $\frac{1}{5}$

개념 익히기 ........ 131쪽

① 4, 1
② 35, 9, $\frac{26}{45}$
③ 28, 15, $\frac{13}{48}$
④ 24, 7, $\frac{17}{28}$
⑤ 45, 28, $\frac{17}{80}$
⑥ 55, 28, $\frac{27}{70}$
⑦ 51, 28, $\frac{23}{60}$
⑧ 48, 15, $\frac{33}{52}$
⑨ 26, 15, $\frac{11}{30}$
⑩ 82, 51, $\frac{31}{90}$

개념 다지기 ········· 132쪽

① $\frac{1}{12}$　② $\frac{1}{60}$

③ $\frac{1}{8}$　④ $\frac{2}{9}$

⑤ $\frac{1}{12}$　⑥ $\frac{17}{30}$

⑦ $\frac{32}{91}$　⑧ $\frac{47}{88}$

⑨ $\frac{1}{4}$　⑩ $\frac{4}{15}$

⑪ $\frac{49}{100}$　⑫ $\frac{17}{45}$

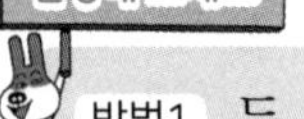


방법1 두 분모의 곱으로 통분하여 계산하는 방법

$\frac{3}{4}-\frac{1}{6}=\frac{18}{24}-\frac{4}{24}=\frac{\overset{7}{\cancel{14}}}{\underset{12}{\cancel{24}}}=\frac{7}{12}$

방법2 두 분모의 최소공배수로 통분하여 계산하는 방법

$\frac{3}{4}-\frac{1}{6}=\frac{9}{12}-\frac{2}{12}=\frac{7}{12}$

개념 키우기 ········· 133쪽

① $\frac{1}{3}$, $\frac{4}{5}$　② $\frac{5}{9}$, $\frac{7}{12}$

········· 133쪽

① $\frac{7}{18}$ L　② $\frac{19}{70}$ g

① $\frac{8}{9}$ L에서 $\frac{1}{4}$ L씩 두 번 따랐으므로 남아 있는 오렌지주스는

$\frac{8}{9}-\frac{1}{4}-\frac{1}{4}=\frac{32}{36}-\frac{9}{36}-\frac{9}{36}$

$=\frac{\overset{7}{\cancel{14}}}{\underset{18}{\cancel{36}}}=\frac{7}{18}$(L)입니다.

② 저울이 수평을 이루었으므로 구슬 가, 라의 무게의 합과 구슬 나, 다의 무게의 합이 같습니다.

$\frac{3}{7}+\square=\frac{2}{5}+\frac{3}{10} \rightarrow \square=\frac{2}{5}+\frac{3}{10}-\frac{3}{7}$

입니다. 따라서 구슬 라의 무게는

$\frac{2}{5}+\frac{3}{10}-\frac{3}{7}=\frac{28}{70}+\frac{21}{70}-\frac{30}{70}=\frac{19}{70}$(g)

입니다.

## 29 분모가 다른 대분수의 뺄셈 (1)

기억해 볼까요? ········· 134쪽

① $3\frac{11}{15}$　② $\frac{9}{28}$

개념 익히기 ········· 135쪽

① 3, 2, 3, 2, 1, $1\frac{1}{6}$

② 3, 3, 4, $2\frac{4}{12}$, $2\frac{1}{3}$

③ 27, 14, 27, 14, 13, $2\frac{13}{30}$

④ 62, 10, 62, 30, 32, $1\frac{11}{21}$

⑤ 31, 14, 155, 112, 43, $1\frac{3}{40}$

⑥ 17, 7, 34, 21, 13, $1\frac{1}{12}$

개념 다지기 ........ 136쪽

① $1\frac{5}{12}$ ② $2\frac{1}{20}$ ③ $1\frac{19}{60}$ ④ $3\frac{5}{12}$ ⑤ $3\frac{1}{9}$ ⑥ $\frac{1}{6}$ ⑦ $1\frac{8}{91}$ ⑧ $1\frac{9}{44}$ ⑨ $2\frac{1}{10}$ ⑩ $3\frac{19}{72}$ ⑪ $2\frac{97}{240}$ ⑫ $2\frac{35}{92}$

설명해 보세요

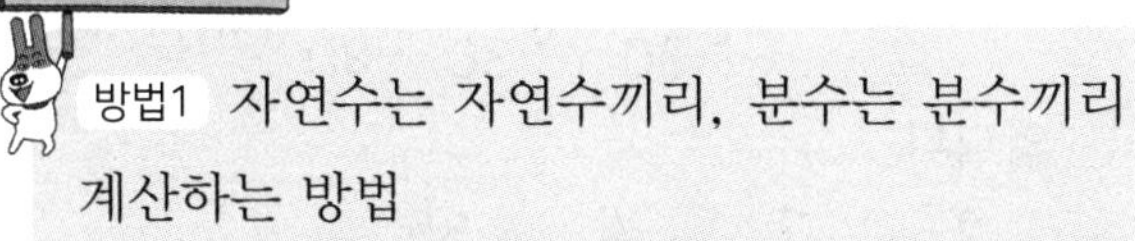

방법1 자연수는 자연수끼리, 분수는 분수끼리 계산하는 방법

$$5\frac{3}{4}-2\frac{1}{6}=5\frac{9}{12}-2\frac{2}{12}=(5-2)+\left(\frac{9}{12}-\frac{2}{12}\right)=3+\frac{7}{12}=3\frac{7}{12}$$

방법2 가분수로 바꾸어 계산하는 방법

$$5\frac{3}{4}-2\frac{1}{6}=\frac{23}{4}-\frac{13}{6}=\frac{69}{12}-\frac{26}{12}=\frac{43}{12}=3\frac{7}{12}$$

개념 키우기 ........ 137쪽

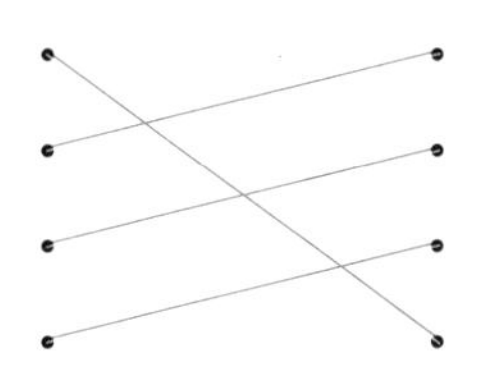

도전해 보세요 ........ 137쪽

① $3\frac{11}{36}$ kg ② $1\frac{23}{72}$

① 원래 수박의 무게에서 지원이와 영훈이가 먹은 무게를 빼면 남은 수박의 무게입니다. 따라서 남은 수박의 무게는

$$5\frac{8}{9}-1\frac{1}{4}-1\frac{1}{3}=5\frac{32}{36}-1\frac{9}{36}-1\frac{12}{36}=3\frac{11}{36}\text{(kg)}$$입니다.

② 어떤 수에 $2\frac{3}{8}$을 더해 $4\frac{11}{12}$이 되었으므로

(어떤 수)$+2\frac{3}{8}=4\frac{11}{12}$

→ (어떤 수)$=4\frac{11}{12}-2\frac{3}{8}$

이고 $4\frac{11}{12}-2\frac{3}{8}=4\frac{22}{24}-2\frac{9}{24}=2\frac{13}{24}$이므로 어떤 수는 $2\frac{13}{24}$입니다.

바르게 계산한 결과는 어떤 수에서 $1\frac{2}{9}$를 뺀 수이므로

$2\frac{13}{24}-1\frac{2}{9}=2\frac{39}{72}-1\frac{16}{72}=1\frac{23}{72}$

입니다.

## 30 분모가 다른 대분수의 뺄셈 (2)

기억해 볼까요? ........ 138쪽

① $\frac{7}{30}$ ② $2\frac{1}{4}$

개념 익히기 ........ 139쪽

① 7, 12, 21, 12, 21, 12, 9

② 10, 33, 46, 33, 46, 33, $3\frac{13}{36}$

③ 14, 23, 14, 23, 14, $2\frac{9}{20}$

④ 38, 14, 190, 126, 64, $1\frac{19}{45}$

⑤ 89, 35, 89, 70, 19, $1\frac{7}{12}$

⑥ 17, 7, 34, 21, 13, $1\frac{1}{12}$

개념 다지기 ............ 140쪽

① $1\frac{13}{20}$　② $1\frac{19}{24}$

③ $\frac{5}{6}$　④ $2\frac{17}{24}$

⑤ $1\frac{5}{9}$　⑥ $1\frac{7}{15}$

⑦ $\frac{19}{35}$　⑧ $\frac{23}{30}$

⑨ $1\frac{19}{30}$　⑩ $1\frac{23}{60}$

⑪ $2\frac{13}{14}$　⑫ $2\frac{8}{15}$

설명해 보세요

방법1 자연수는 자연수끼리, 분수는 분수끼리 계산하는 방법

$$5\frac{1}{4}-2\frac{5}{6}=5\frac{3}{12}-2\frac{10}{12}=4\frac{15}{12}-2\frac{10}{12}$$
$$=(4-2)+\left(\frac{15}{12}-\frac{10}{12}\right)$$
$$=2+\frac{5}{12}=2\frac{5}{12}$$

방법2 가분수로 바꾸어 계산하는 방법

$$5\frac{1}{4}-2\frac{5}{6}=\frac{21}{4}-\frac{17}{6}=\frac{63}{12}-\frac{34}{12}$$
$$=\frac{29}{12}=2\frac{5}{12}$$

개념 키우기 ............ 141쪽

도전해 보세요 ............ 141쪽

① $\frac{29}{30}$ cm　② 6, 7, 8, 9, 10

① 두 종이테이프의 길이의 합은

$$4\frac{1}{10}+5\frac{2}{5}=4\frac{1}{10}+5\frac{4}{10}$$
$$=9\frac{5}{10}=9\frac{1}{2}(\text{cm})$$

입니다. 겹친 부분의 길이는 두 종이테이프의 길이의 합에서 전체 길이를 빼면 구할 수 있으므로

$$9\frac{1}{2}-8\frac{8}{15}=9\frac{15}{30}-8\frac{16}{30}$$
$$=8\frac{45}{30}-8\frac{16}{30}=\frac{29}{30}(\text{cm})$$

입니다.

② $7\frac{2}{25}-1\frac{7}{10}=7\frac{4}{50}-1\frac{35}{50}$

$$=6\frac{54}{50}-1\frac{35}{50}=5\frac{19}{50}$$

이므로 $7\frac{2}{25}-1\frac{7}{10}<\square<10\frac{1}{7}$

→ $5\frac{19}{50}<\square<10\frac{1}{7}$입니다. 따라서 □ 안에 들어갈 수 있는 자연수는 6, 7, 8, 9, 10입니다.